普通高等教育"十二五"规划教材

C 语言程序设计实验
指导与习题

主　编　王琳艳
副主编　周宝华　刘　征
　　　　刘　警　李　岚

北京邮电大学出版社
·北京·

内 容 简 介

本书是《C语言程序设计教程》一书配套使用的教学用书。内容包括：实验指导、综合测试、习题和习题参考解答四个部分。实验指导部分中，介绍了C语言实验上机环境Visual C++ 6.0的使用和程序调试方法，由浅入深，循序渐进，精选了10个实验，每个实验都包括实验目的、实验内容等，重点培养学生的独立思考和实际动手能力，并帮助学生对课程内容加深理解。综合测试紧扣计算机等级考试内容，让学生全面地检验自己对本课程的学习掌握情况及综合解决实际问题的能力。在习题中，按照教学大纲要求提供了大量的习题，这些习题突出了重点和难点，更好地帮助学生对所学知识的理解。综合测试和习题都配有参考答案。

本书内容丰富、实用性强。不仅可以作为《C语言程序设计教程》的参考书，而且可以作为其他C语言教材的参考书；既适用于高等学校师生或计算机培训使用，也可供报考计算机等级考试者和其他自学者参考。

图书在版编目(CIP)数据

C语言程序设计实验指导与习题/王琳艳主编. -- 北京：北京邮电大学出版社，2016.1
ISBN 978-7-5635-4581-0

Ⅰ.①C… Ⅱ.①王… Ⅲ.①C语言—程序设计—高等学校—教学参考资料 Ⅳ.①TP312

中国版本图书馆CIP数据核字(2015)第271514号

书 名	C语言程序设计实验指导与习题
主 编	王琳艳
责任编辑	韩 霞
出版发行	北京邮电大学出版社
社 址	北京市海淀区西土城路10号(100876)
电话传真	010-82333010 62282185(发行部) 010-82333009 62283578(传真)
网 址	www3.buptpress.com
电子信箱	ctrd@buptpress.com
经 销	各地新华书店
印 刷	中煤(北京)印务有限公司
开 本	787 mm×1 092 mm 1/16
印 张	11
字 数	271千字
版 次	2016年1月第1版 2016年1月第1次印刷

ISBN 978-7-5635-4581-0　　　　　　　　　　　　　　　定 价：25.00元

如有质量问题请与发行部联系　　版权所有　侵权必究

前　　言

"C语言程序设计"是教育部高教司组织制定的高校理科类专业《大学计算机教学基本要求》中规定的必修课程。

本书根据"C语言程序设计"课程教学大纲和"C语言程序设计"实验教学大纲的要求编写而成。在编写过程中，编者注意了本书内容与课堂讲授内容的衔接。通过学习，能够使学生了解计算机程序设计的基本知识，掌握程序设计的基本方法，培养学生程序设计、综合解决实际问题的能力，为学生继续学习其他的程序设计语言打下基础。

本书由长期从事C语言教学和实验的专业教师编写，参与编写的老师有王琳艳、周宝华、刘征、刘警、李岚，并由王琳艳对全书进行统稿，由江汉大学计算中心的陈刚教授进行审稿。在教材编写中，得到江汉大学教务处、数学与计算机科学学院等各级领导的支持和帮助，许多教师为教材编写提供了宝贵意见，在此表示衷心的感谢。

限于时间的仓促及编者水平有限，书中难免存在不妥之处，敬请读者指正。

编　者
2015年9月

目　录

第一部分	实验指导	1
实验 1	Visual C++ 6.0 集成开发环境	2
实验 2	顺序结构	17
实验 3	选择结构	22
实验 4	循环结构	28
实验 5	数组	36
实验 6	函数	44
实验 7	存储类型和编译预处理	54
实验 8	指针操作	60
实验 9	结构体与共用体	72
实验 10	文件操作	80

第二部分	综合测试	87
测试 1		88
测试 2		91
测试 3		94
测试 4		97
测试 5		100
测试 6		103

第三部分	习题	106
习题 1	数据运算、顺序结构	107
习题 2	选择结构	113
习题 3	循环结构	117
习题 4	数组	125
习题 5	函数	131
习题 6	存储类型和编译预处理	135
习题 7	指针	138
习题 8	结构体与共用体	148
习题 9	文件	155

第四部分	测试和习题参考解答	162

参考文献		170

第一部分 实验指导

实验1 Visual C++ 6.0集成开发环境

实验目的

(1)熟悉C语言的编程环境Visual C++ 6.0,掌握运行一个C语言程序的步骤,包括编辑、编译、连接和运行。

(2)了解C语言程序的基本框架,能够编写简单的C语言程序。

(3)理解程序调试的思想,能找出并改正C语言程序中的语法错误。

实验内容

1. 启动Visual C++ 6.0并了解Visual C++ 6.0的集成开发环境

方法一:在Windows环境下,双击桌面上已建好的Visual C++ 6.0快捷图标。

方法二:单击"开始"→"所有程序"→"Microsoft Visual Studio 6.0"→"Microsoft Visual C++ 6.0",进入Visual C++ 6.0编程环境,如图1-1所示,标题为"Tip of the Day"窗口。在该窗口中显示了一条帮助信息,单击该窗口中的"Next Tip"按钮可以继续得到更多的帮助信息。若单击"Close"按钮,则会关闭该窗口,进入Visual C++ 6.0集成开发环境的主窗口,如图1-2所示,表示Visual C++ 6.0已经启动成功。

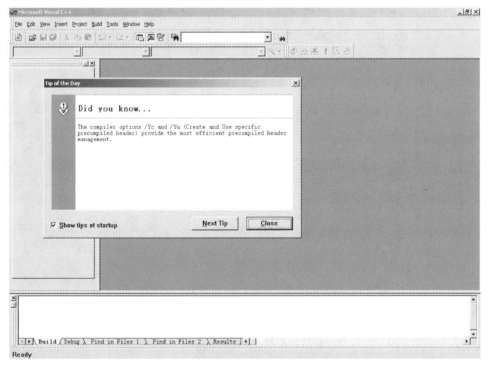

图1-1 Tip of the Day窗口

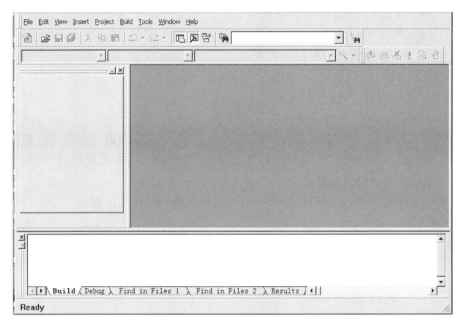

图 1-2　Visual C++ 6.0 集成开发环境的主窗口

Visual C++ 6.0 集成开发环境的主窗口由标题栏、菜单栏、工具栏、工作区窗口、源代码编辑窗口、输出窗口和状态栏组成。

屏幕窗口最上方是标题栏，显示所打开的应用程序名。标题栏左端是控制菜单图标，单击后会弹出窗口控制菜单。标题栏右端从左至右有 3 个控制按钮，分别为"最小化"、"最大化"和"关闭"按钮，可以用它们快速设置窗口的大小。

标题栏下方是菜单栏，由 9 个菜单项组成。单击菜单项会弹出下拉式菜单，可使用这些菜单实现集成开发环境的各种功能。

菜单栏下方是工具栏，它由若干个功能按钮组成，单击它们可实现某种操作功能。该工具栏中共有 15 个工具项按钮，如图 1-3 所示。

图 1-3　工具栏

自左至右各按钮的功能介绍如下。

(1) New Text File：创建新的文本文件。
(2) Open：打开已有文档。
(3) Save：保存当前文档内容。
(4) Save All：保存所有打开的文档。
(5) Cut：将选定的文档内容从文档中删除，并将之复制到剪贴板中。
(6) Copy：将选定的文档内容复制到剪贴板中。
(7) Paste：在当前插入点处粘贴剪贴板中的内容。
(8) Undo：取消最近一次编辑操作。
(9) Redo：恢复前一次取消的编辑操作。

(10)Workspace:显示或隐藏工作区窗口。

(11)Output:显示或隐藏输出窗口。

(12)Windows List:管理当前打开的窗口。

(13)Find in File:在多个文件中搜索字符串。

(14)Find:激活查找工具。

(15)Search:搜索联机文档。

工具栏的下方有左、右两个窗口,左窗口是项目工作区窗口,右窗口是源代码编辑窗口。

在项目工作窗口和源代码编辑窗口的下方有一个输出窗口,在创建项目(Build)时,用来显示项目创建过程中的错误信息。

屏幕最底部是状态栏,它可以给出当前操作或所选命令的提示信息。

2.编程示例

下面给定源程序的功能是:在屏幕上显示"OK."字符。

源程序:

```
#include <stdio.h>
main()
{
printf("OK.\n")
}
```

运行结果:

OK.

以上述 C 语言源程序为例,在 Visual C++ 6.0 编程环境下,运行一个 C 语言程序的基本操作步骤如下。

(1)在 Visual C++ 6.0 集成开发环境的主窗口,单击"File"菜单,如图 1-4 所示。

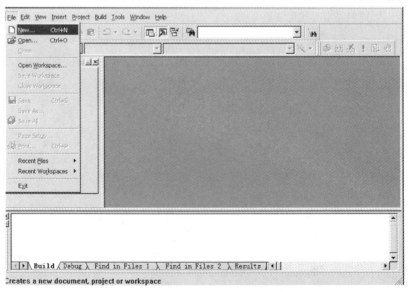

图 1-4 "File"菜单窗口

(2)选择"New"选项,出现如图 1-5 所示的"New"对话框。

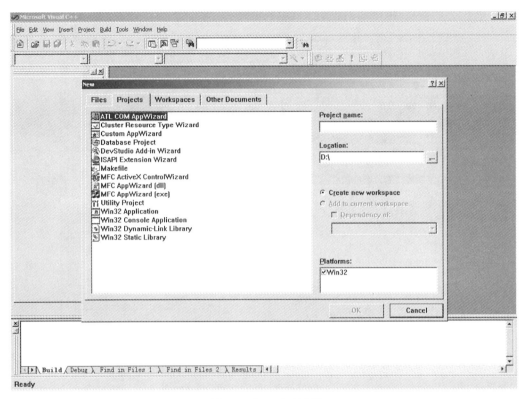

图 1-5　"New"对话框

(3)在"New"对话框中单击"Files"选项卡,如图 1-6 所示。

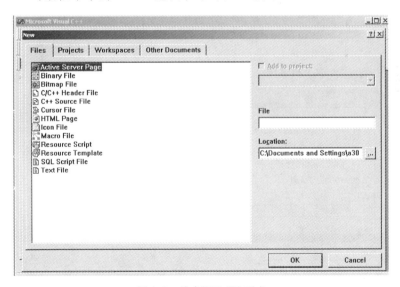

图 1-6　单击"File"选项卡

(4)选择"C++ Source File"项,在"File"文本框中输入源代码文件的文件名(如 aaa.c),并单击"Location"项的按钮,出现如图 1-7 所示的对话框。

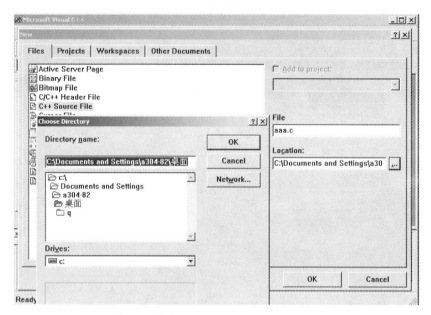

图 1-7 单击 Location 项的按钮后的窗口

(5)在"Drives"选项中指定要保存文件的位置,例如,要将 aaa.c 文件保存在 D 盘上,如图 1-8 所示,并单击"Choose Directory"对话框中的"OK"按钮。

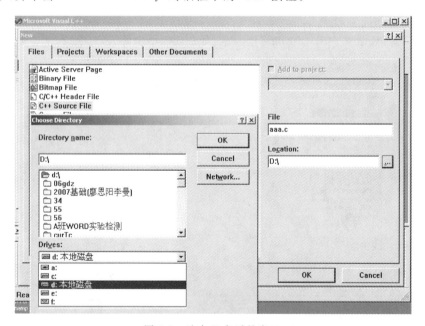

图 1-8 选中 D 盘后的窗口

(6)返回到"New"对话框,如图 1-9 所示。单击"New"对话框中的"OK"按钮。

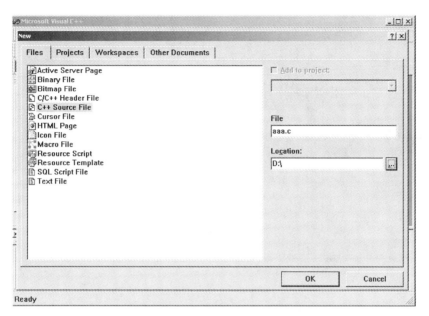

图 1-9 单击"OK"按钮后的窗口

(7) 系统返回 Visual C++ 6.0 集成开发环境的主窗口,并显示源代码编辑窗口,如图 1-10 所示。

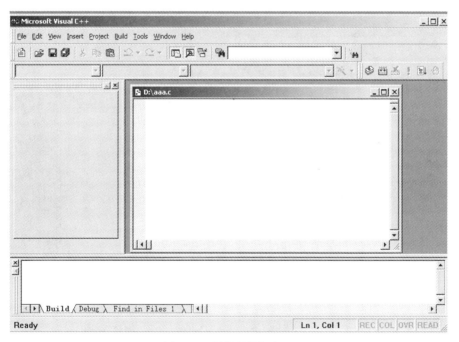

图 1-10 源代码编辑窗口

(8) 在源代码编辑窗口中输入给定的程序,如图 1-11 所示。

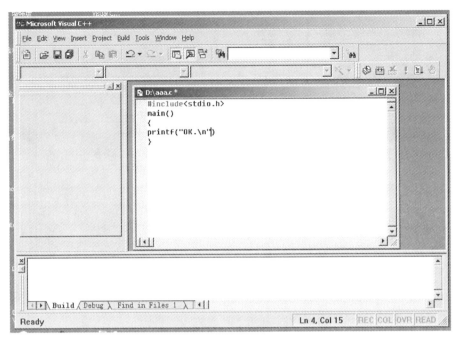

图 1-11　输入源程序后的源代码编辑窗口

(9) 单击菜单栏中的"Build"菜单,选择"Build"项进行编译和连接,如图 1-12 所示。

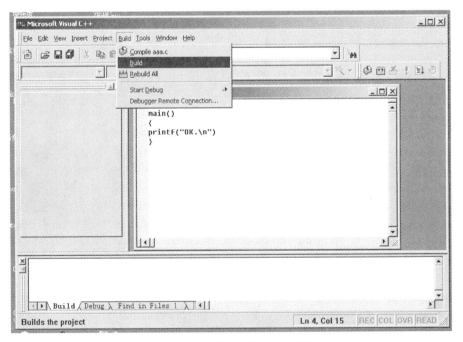

图 1-12　选择"Build"项进行编译

(10) 如果程序有错,编译系统在项目工作窗口和源代码编辑窗口的下方窗口显示出错误信息,如图 1-13 所示,因为语句"printf(" OK.\n")"存在语句尾缺少";"语法错误。

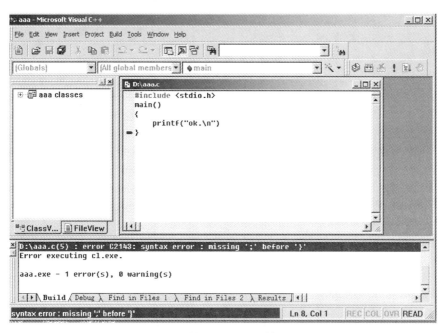

图 1-13　编译后给出错误信息窗口

(11) 根据错误信息，找到相应的错误语句地方进行修改，使之正确无误，如图 1-14 所示。

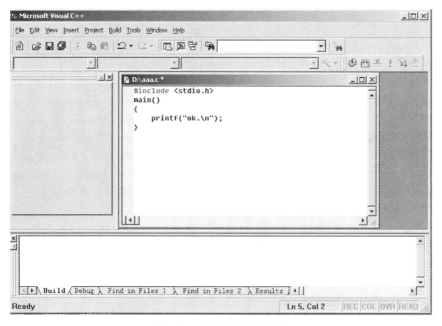

图 1-14　程序修改后的窗口

(12) 再单击菜单栏中的"Build"菜单，选择"Build"项进行编译和连接，如图 1-15 所示。

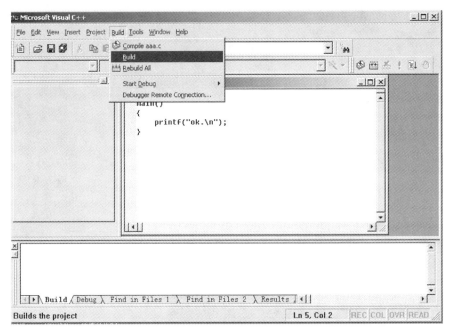

图 1-15 "Build"窗口

(13)屏幕出现"询问是否创建默认项目工作区"对话框,如图 1-16 所示。

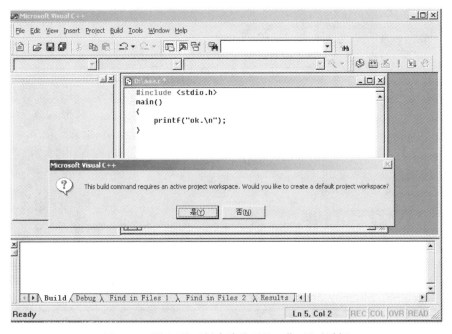

图 1-16 "询问是否创建默认项目工作区"对话框

(14)单击"是"按钮,屏幕出现如图 1-17 所示的"询问是否保存文件"对话框。

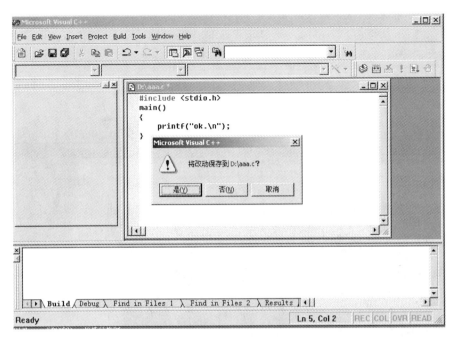

图 1-17 "询问是否保存文件"对话框

(15)单击"是"按钮,系统开始对源程序文件进行编译,如果程序仍然有错,必须再次修改并重新对源程序进行编译,直到没有错误信息为止,如图 1-18 所示。

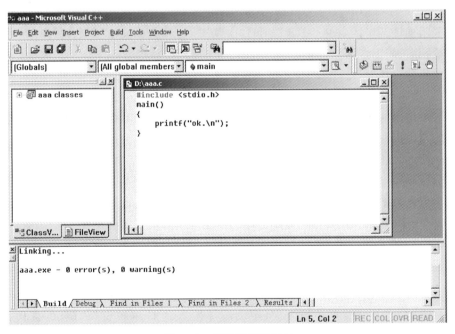

图 1-18 无错误信息窗口

(16)执行程序可以选择"Build"菜单中的"执行"命令,或者单击主窗口工具栏中带"!"的"Build Execute"快捷键,屏幕将自动弹出程序运行窗口,如图 1-19 所示,显示运行结果"ok."。

如果程序要求键盘输入数据,则 Visual C++等待用户操作,然后显示程序的输出结果。当程序成功执行并输出结果后,Visual C++显示提示信息"Press any key to continue",这时按键盘上任意键,系统返回到 Visual C++ 6.0 编辑窗口。

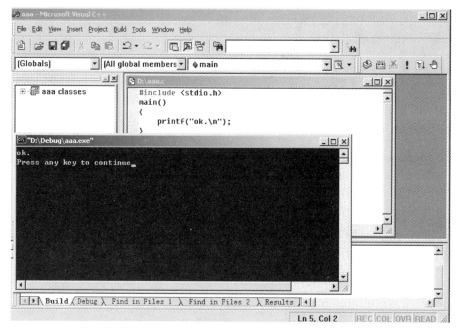

图 1-19　程序运行窗口

(17)关闭程序工作区。单击菜单"File",选择"Close workspace"命令,在弹出的对话框中单击"是"按钮,关闭工作区。

注意要点:

(1)在编译和连接时,如果编译器发现程序的语法错误,则会在输出窗口中显示错误信息,这些信息包括错误的性质、出现的位置和产生错误的原因等。如果双击某条错误信息,文件编辑区窗口的右边出现一个箭头,指向出现错误的程序行,此时用户可以根据错误的性质修改 C 语言程序。修改后还需重新对源程序进行编译,直到没有错误信息为止。

(2)执行程序时出现的错误称为运行错误。例如,负数求开平方、内存分配错误或者溢出等。如果出现运行错误,用户还需对源程序进行修改,修改后再进行编译、连接和执行。

(3)执行程序结果显示出来后,并不意味它一定是所求解问题的正确答案。因为程序可能存在逻辑错误。例如,算法错误、使用错误运算符等。这种错误不能被编译器发现,必须通过人工测试、验证去查找和修正错误。

3. 读程序写结果

在 Visual C++ 6.0 编程环境下,将下面程序输入到 C 编辑窗口,调试,直到程序运行成功。

(1) /＊＊＊＊＊sl_1.c＊＊＊＊＊/
　　＃include <stdio.h>
　　main()

```
{
    int a,b,c;
    a=020;
    b=0x20;
    c=20;
    printf("a=%d,b=%d,c=%d \n",a,b,c);
}
```

上机前分析结果：

实际上机结果：

(2) /***** s1_2.c *****/
```
#include <stdio.h>
main()
{
    int i,j,m,n;
    i=8;
    j=10;
    m=++i;
    n=j++;
    printf("%d,%d,%d,%d\n",i,j,m,n);
}
```

上机前分析结果：

实际上机结果：

(3) /***** s1_3.c *****/
```
#include <stdio.h>
main()
{
    int a=4,b=5,c=0,d;
```

```
d=!a&&!b||!c;
printf("d=%d \n",d);
}
```

上机前分析结果：

实际上机结果：

4．完善程序

下面程序的功能是：求整数 *a*、*b* 的商和余数，请用正确的表达式填空。

```
/ * * * * *  sl_4.c * * * * */
#include <stdio.h>
main()
{
int a,b,c,d;
a=100;
b=30;
c=___1___;
d=___2___;
printf("a=%d,b=%d,c=%d,d=%d\n", a,b,c,d);
}
```

5．改错

将下面程序输入到 C 编辑窗口，调试，注意系统出现的信息。修改程序中的错误，使其能得出正确的结果。

（1）求三个整数的积，并输出结果。

```
/ * * * * *  sl_5.c * * * * */
#include <stdio.h>
main()
{
int a,b,c;
a=3;
b=4;
c=5;
v=a*b*c;
printf(" v=%d\n",v)；
}
```

(2)求圆的面积,并输出。

```
/***** sl_6.c *****/
#include <stdio.h>
main();
{
float r,s;
r=2
s=3.14159*r*r;
printf("area=%f\n", s);
}
```

6. 程序设计

(1)在屏幕上显示"Hello world."。

(2)从键盘输入一个十进制数,输出其八进制和十六进制数。
提示:应用 printf 函数的格式控制。

(3)在屏幕上显示下列图形。

```
* * * *
 * * *
  * *
   *
```

(4) 从键盘输入一个梯形的上底、下底和高,计算并输出梯形的面积。

(5) 将 1 050 分钟换算成用小时和分钟表示,然后进行输出。

提示:输出语句为:"printf("%d 小时%d 分钟\n", h, m);",其中 h、m 为存放小时和分钟的变量。

实验 2 顺 序 结 构

实验目的

(1)掌握顺序语句的使用方法。
(2)掌握算术表达式和赋值表达式的使用。
(3)掌握基本输入、输出函数的使用及常用格式字符的使用方法。

实验内容

1. 读程序写结果

(1)/* * * * * s2_1.c * * * * */
```
#include <stdio.h>
main()
{
int a=2,b=3,c=4;
a*=10+(b++)-(++c);
printf("a=%d,b=%d,c=%d \n",a,b,c);
}
```

上机前分析结果：

实际上机结果：

(2)/* * * * * s2_2.c * * * * */
```
#include <stdio.h>
main()
{
int a,b,d=241;
a=d/100%9;
b=(-1)&&(-1);
printf("%d,%d\n",a,b);
}
```

上机前分析结果：

实际上机结果：

(3) /***** s2_3.c *****/
```
#include <stdio.h>
main()
{
int a=3,b=2,c=1,d;
d=(a>b>c);
printf("%d\n",d);
}
```

上机前分析结果：

实际上机结果：

(4) /***** s2_4.c *****/
```
#include <stdio.h>
main()
{
int i=16,j,x=6,y,z;
j=i+++1;
printf("1:%d\n",j);
x*=i=j;
printf("2:%d\n",x);
x=1;y=2;z=3;
x+=y+=z;
printf("3:%d\n",z+=x>y?x++:y++);
x=y=z=-1;
++x||++y&&++z;
printf("4:%d,%d,%d\n",x,y,z);
}
```

提示：关系运算符分为两个优先级，">"、"<"、">="和"<="处于同一优先级；"=="和"!="处于同一优先级，前者优先级高于后者。逻辑运算符优先级为非(!)>与(&&)>或(||)，"!"优先级高于算术运算符，"&&"和"||"优先级低于算术运算符和关系运算符。

上机前分析结果：

实际上机结果：

2. 完善程序

下列给定程序的功能是：从键盘输入圆柱体的半径 r 和高度 h，计算其底面积 s 和体积 v，并输出计算结果。

```
/***** s2_9.c *****/
#include <stdio.h>
main()
{
    float pi=3.14159;
    float r,h,s,v;
    printf("Please input r,h:");
    scanf("%f, 1 ",&r, 2 );
    s= 3 ;
    v= 4 ;
    printf("area=%f, volume= 5 \n",s,v);
}
```

3. 改错

从键盘输入两个二位数的正整数 a 和 b，将它们合并形成一个新的整数 c 输出。合并方式是：将 a 数的十位和个位数依次放在 c 数的十位和千位上，b 数的十位和个位数依次放在 c 数的百位和个位上。例如，a=35，b=42 时，c=5432。

```
/***** s2_10.c *****/
#include <stdio.h>
main()
{
    int a,b,c;
    printf("Input a,b:");
    /************ found ************/
    scanf("%d%d",a,b);
    c=a%10*1000+a/10*10+b%10+b/10*100;
    /************ found ************/
    printf("a=%d,b=%d,c=%d\n",a,b,c)
}
```

4. 程序设计

(1)从键盘输入两个整数 x 和 y,交换它们的值并输出。

提示:

①用 scanf 函数输入 x 和 y 的值;

②用第三个变量辅助交换 x 和 y 的值;

③用 printf 函数将交换后的值输出。

(2)从键盘输入任意一个字符,输出它对应的 ASCII 码。

提示:接收一个字符赋给变量,以整型输出该变量。

(3)从键盘输入 a、b、c 三个变量的值,输出其中最大的值。

提示:用条件运算符(?:)实现。

(4)从键盘输入一个华氏温度,要求输出摄氏温度。公式为 $c=\dfrac{5(F-32)}{9}$。精确到小数点后两位数字。

提示:应用 printf 函数的格式控制中的长度限制。

(5)从键盘输入两个实数,编程求它们的和、差、积、商。输出结果时,保留两位小数。

(6)输入一个双精度数,对小数点后第2位进行四舍五入,即保留一位小数,输出四舍五入后的结果。

提示:四舍五入算法,"x=(x+0.05)*10;x=(int)x;x=x/10;"。

实验 3 选 择 结 构

实验目的

(1) 熟练掌握关系表达式和逻辑表达式的使用。
(2) 熟练掌握各种 if 语句的使用方法。
(3) 熟练掌握 switch 语句中 break 语句的作用。
(4) 掌握嵌套的选择结构。

实验内容

1. 读程序写结果

(1) /＊＊＊＊＊ s3_1.c＊＊＊＊＊/
```
#include <stdio.h>
main()
{
int a=10;
if (a>10) printf("%d\n",a>10);
else printf("%d\n",a<=10);
}
```

提示:if 语句有三种结构:第一种是 if 简单结构;第二种是 if…else 结构;第三种是 if…else if 结构。本题是 if…else 语句结构,如果整数 *a* 大于 10,就输出逻辑表达式"a>10"的值,条件为真时为 1,反之为 0。

上机前分析结果:

实际上机结果:

(2) /＊＊＊＊＊ s3_2.c＊＊＊＊＊/
```
#include <stdio.h>
main()
{
int a,b,c,d,x;
a=c=0;
```

```
    b=1;
    d=20;
    if(a)d=d-10;
    else if(!b)
    if(!c)x=15;
    else x=25;
    printf("d=%d\n",d);
}
```

提示：当程序中存在嵌套的 if…else…结构时，由后向前每一个 else 都与其前面的最靠近它的 if 配对。

上机前分析结果：

实际上机结果：

（3）/ * * * * * s3_3.c * * * * * /
```
#include <stdio.h>
main()
{ int x=1,y=0;
switch(x)
{case 1:
switch(y)
{
case 0:printf("first \n");break;
case 1:printf("second \n");break;
}
case 2:printf("third \n");
}
}
```

上机前分析结果：

实际上机结果：

思考：上题是用 switch() 写的，你能用 if 语句重新写出来吗？

2. 完善程序

(1) 程序功能：将用户输入的字母进行大小写转换。

提示：小写字母"a"比大写字母"A"大 32。接收一个字符，如果是大写字母，将其转换为小写字母；如果是小写字母，将其转换为大写字母。

```
/***** s3_4.c *****/
#include <stdio.h>
main()
{
  char ch;
  scanf("%c",&ch);
  if ( ch>='a'&&ch<='z' ) ch=  1  ;
    else if (  2  ) ch=  3  ;
  printf("%c\n",ch);
}
```

(2) 下列程序功能是：将输入的 4 个整数 a、b、c、d，从大到小进行排序后输出。

提示：先用 a 和其他 3 个数进行比较，大的值交换给 a；再将 b 与 c、d 进行比较，大的值交换给 b，最后在 c、d 之间比较，大的值交换给 c。

```
/***** s3_5.c *****/
#include <stdio.h>
main()
{
  int a,b,c,d,t;
  printf("input 4 numbers:\n");
  scanf("%d%d%d%d",&a,&b,&c,&d);
  if (a<b)  {t=a; a=b; b=t;}
  if (  1  )  {t=a; a=c; c=t;}
  if (a<d)  {t=a;  2  ;  3  ;}
  if (b<c)  {t=b; b=c; c=t;}
  if (b<d)  {t=b; b=d; d=t;}
  if (c<d)  {t=c; c=d; d=t;}
  printf("%8d%8d%8d%8d\n",a,b,c,d);
}
```

3. 改错

(1) 输入年份 x，判断它是否为闰年。

提示：如果 x 能被 400 整除，是闰年；如果 x 能被 4 整除并且不能被 100 整除也是闰年；否则不是闰年。

```
/* * * * * s3_6.c * * * * */
#include <stdio.h>
main()
{
    int x;
    scanf("%d",&x);
/* * * * * * * * * found * * * * * * * * */
    if ( x%400=0 )
        printf("Yes.\n");
    else
/* * * * * * * * * found * * * * * * * * */
        if ( x%4==0 || x%100!=0 )
            printf("Yes.\n");
        else
            printf("No.\n");
}
```

（2）下列程序功能是：根据输入的 3 个边长（整型值），判断能否构成三角形。若能构成等边三角形，则输出 3；若是等腰三角形，则输出 2；若能构成三角形则输出 1；若不能，则输出 0。

提示：构成三角形的条件是，任意两条边之和大于第三边。

```
/* * * * * s3_7.c * * * * */
#include <stdio.h>
main()
{
    int a,b,c,shape;
    scanf("%d%d%d",&a,&b,&c);
    if(a+b>c&&b+c>a&&a+c>b)
    {
        if (a==b&&b==c)
/* * * * * * * * * found * * * * * * * * */
            shape=1;
        else
            if (a==b||b==c||a==c)
                shape=2;
/* * * * * * * * * found * * * * * * * * */
            else shape=3;
    }
    else shape=0;
    printf("%d\n",shape);
}
```

4. 程序设计

(1)输入一个整数,输出它是奇数还是偶数。

提示:若除 2 的余数为 0 则输出偶数,否则输出奇数。求余数可用模运算符%。

(2)输入 3 个数,输出其中的最大数。

提示:用 scanf 函数输入 3 个变量,用选择语句比较后,再用 printf 函数将结果输出。

(3)分段函数:

$$y=\begin{cases} x-1 & (-5<x<0) \\ x & (x=0) \\ x+1 & (0<x<10) \end{cases}$$

编写程序:输入 x,计算并输出 y 的值。

(4)输入一个小写英文字母,如果它位于字母表的前半部分,输出它的后一个字母;位于后半部分时,输出它的前一个字母。

(5)输入学生某门课的成绩,要求输出成绩等级 A、B、C、D、E,90 分以上为"A",80~89 分为"B",70~79 分为"C",60~69 分为"D",其他为"E"。

提示:用 switch()实现。

实验 4 循 环 结 构

实验目的

(1)熟练使用 for、while、do…while 语句实现循环程序设计。
(2)理解循环条件和循环体,以及三种循环语句的相同及不同之处。
(3)掌握各种循环的嵌套。
(4)掌握 break 和 continue 语句在循环结构中的应用。

实验内容

1.读程序写结果

(1)/＊＊＊＊＊s4_1.c＊＊＊＊＊/
```
#include <stdio.h>
main()
{
int x;
x=-1;
do
{
x=x*x;
} while (!x);
printf("x=%d\n",x);
}
```

提示:do…while 循环是先执行一次循环,而后判断循环条件。
上机前分析结果:

实际上机结果:

该循环执行了_____次

(2)/＊＊＊＊＊s4_2.c＊＊＊＊＊/
```
#include <stdio.h>
main()
```

```
{
int i;
for (i=1;i<6;i++)
    {
        if (i%2)
            printf("#");
        else continue;
    printf("*");
    }
printf("\n");
}
```

提示:continue 语句表示跳出本次循环,直接跳转到循环条件表达式判断中继续执行。

上机前分析结果:

实际上机结果:

(3)/***** s4_3.c *****/
```
#include <stdio.h>
main()
{
int i,j,s=0;
for (i=1;i<=12;i+=3)
    for (j=3;j<=19;j+=4)
        s++;
printf("s=%d\n",s);
}
```

上机前分析结果:

实际上机结果:

(4)/* * * * * s4_4.c * * * * */
```
#include <stdio.h>
main()
{
int i,s,n;
s=1;
n=5;
for(i=1;i<=n;i++)
   s*=i;
printf("%d!=%d\n",n,s);
}
```

上机前分析结果：

实际上机结果：

2. 完善程序

(1) 计算 1~50 之间 7 的倍数的数值之和。

```
/* * * * * s4_5.c * * * * */
#include <stdio.h>
main()
{
int i,sum;
sum= __1__ ;
for (i=1; __2__ ;i++)
   if ( __3__ )
      sum+=i;
printf("sum=%d\n",sum);
}
```

(2) 求 1!+2!+3!+4!+…+n! 的和。

```
/* * * * * s4_6.c * * * * */
#include <stdio.h>
main()
{
int i,n;
long s=0,t=1;
```

```
printf(" \n input n:");
scanf("%d", __1__);
for (i=1;i<=n;i++)
{
t= __2__ ;
s= __3__ ;
}
printf("1!+2!+3!+…+%d!=%ld\n",n,s);
}
```

(3)向空中抛一球,每次落到地面后,会反弹到原先高度的3/4,当反弹高度为1时,球将不再弹起。从键盘输入一个高度值,计算球反弹的次数。

```
/***** s4_7.c *****/
#include <stdio.h>
main()
{
float h;
int count=0;
scanf("%f",&h);
do
{h=h*3/4;
 __1__ ;
} while( __2__ );
printf("count=%d\n",count);
}
```

3. 改错

(1)输入一个整数,求它的位数及各位数字之和。

如:整数123的位数是3,其各位数字之和是6。

```
/***** s4_8.c *****/
#include <stdio.h>
main()
{
/********** found **********/
int x,sum,count;
printf("Enter a integer:");
scanf("%d" ,&x);
while (x)
 { sum=sum+x%10;
/********** found **********/
  x%=10;
  count++;
```

        }
    printf("count=%d,sum=%d\n",count,sum);
    }

(2)输出以下图形。

```
              1
            2   2
          3   3   3
        4   4   4   4
```

```
/******s4_9.c******/
#include <stdio.h>
main()
{
int i,j,k;
/*********found*********/
for(i=1;i<4;i++)
    {
    for(j=1;j<=10-i;j++)
      printf(" ");
/*********found*********/
    for(k=1;k<i;k++)
      printf("%4d",i);
    printf("\n");
    }
}
```

4. 程序设计

(1)求 1-3+5-7+…-99+101 的值。

(2)求出 1~500 内能被 7 整除又能被 9 整除的数。
提示:判断条件,"if((i%7)==0 &&(i%9)==0)"。

(3)求 $n!$ 并输出，n 由键盘输入。

提示：$n! = 1 \times 2 \times 3 \times \cdots \times n$。

(4)输出所有的"水仙花数"，所谓"水仙花数"是指一个 3 位数，其各位数字立方和等于该数本身。例如，153 是一个水仙花数，因为 $153 = 1^3 + 5^3 + 3^3$。

提示：在 100～999 之间查找满足条件的数。

(5)输出 200～300 之间满足如下条件的数：该数的各位数字之积为 42，各位数字之和为 12。

提示：截取数的个位、十位和百位的数值，再进行条件判断并输出符合条件的数。

(6)鸡、兔共有 30 只，脚 90 只，编程计算鸡、兔各有多少只。

提示：设有鸡 x 只，则兔只有 $30-x$ 只，循环 0～15 次，即可求得。

(7) 计算 $e = 1 + \frac{1}{1!} + \frac{1}{2!} + \frac{1}{3!} + \cdots + \frac{1}{n!}$。精度为 1E−6 ($\frac{1}{n!} < $1E−6 就停止循环)。

提示：阶乘的计算公式为

$2! = 1 \times 2$；

$3! = 1 \times 2 \times 3$；

…

$n! = 1 \times 2 \times 3 \times \cdots \times n$

(8) 写程序，输出 10 以内的加法表。

提示：用双重循环实现。

(9) 求两个非负整数 u 和 v 的最大公约数。

提示：

① 用辗转相除求余法实现。

② 算法为：将较大的数放在变量 u 中，较小的数放在 v 中。当 v 不为 0 时，用辗转操作："temp=u%v；u=v；v=temp；"；当 v 为 0 时，u 即为最大公约数。

例如，对整数 252、105 两个数，252％105＝42；105％42＝21；42％21＝0，则 21 为整数 252 和 105 的最大公约数。

(10) 编程:输出以下图形。

```
   A
  AAA
 AAAAA
AAAAAAA
```

提示:对图形中每行输出的空格数及字符数,随着行的下移空格数减少而字符数增加,故可通过两个 for 循环控制每行输出的空格数和字符数。用一个大循环(包含上面的两个循环)控制不同行的输出。

```
for(…)                      /*从第一行到最后一行*/
{
  for(…)printf(…);          /*输出若干空格*/
  for(…)printf(…);          /*输出若干字符*/
  printf(…);                /*输出换行*/
}
```

实验5 数 组

实验目的

(1)熟练掌握一维数组和二维数组的定义、数组元素的引用形式和数组的输入/输出方法。
(2)掌握字符数组和字符串函数的使用。
(3)掌握与数组有关的算法(如排序算法、矩阵运算等)。

实验内容

1.读程序写结果

(1)/＊＊＊＊＊s5_1.c＊＊＊＊＊/
```c
#include <stdio.h>
main()
{
    int a[]={1,2,3,4},i,j,s=0;
    j=1;
    for (i=3;i>=0;i--)
    {
        s=s+a[i]*j;
        j=j*10;
    }
    printf("s=%d\n",s);
}
```

上机前分析结果：

实际上机结果：

(2)/＊＊＊＊＊s5_2.c＊＊＊＊＊/
```c
#include <stdio.h>
#include <string.h>
main()
{
```

```
    char a[20]="Good\t\\\0China";
    int i,j;
    i=sizeof(a);
    j=strlen(a);
    printf("%d,%d\n",i,j);
}
```

上机前分析结果：

实际上机结果：

(3)/* * * * * s5_3.c * * * * */
```
#include <stdio.h>
main()
{
    char s[]="a good world";
    int i,j;
    for (i=j=0;s[i]!='\0';i++)
        if (s[i]!='d') s[j++]=s[i];
    s[j]='\0';
    printf("%s\n",s);
}
```

上机前分析结果：

实际上机结果：

(4)/* * * * * s5_4.c * * * * */
```
#include <stdio.h>
main()
{
    int fib[12],i;
```

```
        fib[0]=0;
        fib[1]=1;
        for (i=2;i<12;i++)
            fib[i]=fib[i-1]+fib[i-2];
        for (i=0;i<12;i++)
            printf("%6d",fib[i]);
        printf("\n");
    }
```

上机前分析结果：

实际上机结果：

2. 完善程序

(1)以下程序实现将读入的字符串 s1 复制给字符串 s2,请完善程序。

```
/***** s5_5.c *****/
#include <stdio.h>
#include <string.h>
main()
{
    int i;
    char s1[20],s2[20];
    printf("enter string1:");
    gets(s1);
    for (i=0;___1___;i++)
        ___2___;
    printf("string2:%s\n",___3___);
}
```

(2)以下程序的功能是:求能整出 k(k 不大于 100)且是偶数的数,将这些数保留在数组 a 中,并按从大到小输出。例如,当 $k=20$ 时,依次输出 20 10 4 2。

```
/***** s5_6.c *****/
#include <stdio.h>
main()
{
    int a[100];
    int k,i,j=___1___;
```

```
        printf("\n please input k:");
        scanf("%d",&k);
        for (___2___;i<=k;i++)
           if (k%i==0 ___3___ i%2==0)
              a[j++]= i;
        printf("\n");
        for (i=___4___;i>=0;i--)
           printf("%d ",a[i]);
        printf("\n");
     }
```

(3)以下程序的功能是:计算矩阵所有周边元素的和。

提示:先对矩阵上边和下边元素求和,再对矩阵左边和右边元素求和。

```
/***** s5_7.c *****/
#include <stdio.h>
#define M 4
#define N 3
main()
{
   int a[M][N]={{1,2,3},{4,5,6},{7,8,9},{10,11,12}};
   int sum=0,i,j;
   for (i=0;i<N;i++)
      sum+=a[0][i]+ ___1___ ;
   for (j=1;j<M-1;j++)
      sum+=a[j][0]+ ___2___ ;
   printf("%d\n",sum);
}
```

3. 改错

(1)设 a 是一个整型数组,n(不大于 10)和 x 都是整数,数组 a 中各元素的值互异。在数组 a 中查找与 x 相同的元素,如果找到,输出 x 在数组 a 中的下标位置;如果未找到,输出"未找到与 x 相同的元素!"。

如:输入数组元素的个数:<u>5</u>

输入数组的 5 个元素:1　5　3　7　6

输入 x:<u>3</u>

和 3 相同的数组元素是 a[2]=3

```
/***** s5_8.c *****/
#include <stdio.h>
main()
{
   int i,x,n;
   /********** found **********/
```

```
    int a[n];
    printf("输入数组元素的个数:");
    scanf("%d",&n);
    printf("输入数组的%d 个元素:",n);
    for (i=0;i<n;i++)
        scanf("%d",&a[i]);
    printf("输入 x:");
    scanf("%d",&x);
    for (i=0;i<n;i++)
/* * * * * * * * * found * * * * * * * * * */
        if (a[i]!=x) break;
/* * * * * * * * * found * * * * * * * * * */
    if (i!=n)
        printf("未找到与%d 相同的元素！\n",x);
    else
        printf("和%d 相同的数组元素是 a[%d]=%d\n",x,i,a[i]);
}
```

(2)以下程序功能是:对输入字符串 s,依次取出串中所有数字字符,形成新的字符串 s 并输出。

```
/* * * * * s5_9.c * * * * */
#include <stdio.h>
main()
{
    char s[80];
/* * * * * * * * * * found * * * * * * * * * * */
    int i,j;
    printf("enter string:");
    gets(s);
    for (i=0;s[i]!='\0';i++)
        if (s[i]>='0' && s[i]<='9')
/* * * * * * * * * * found * * * * * * * * * */
            s[j]=s[i];
/* * * * * * * * * * found * * * * * * * * * */
    s[j]="\0";
    printf("\n new string:%s\n",s);
}
```

4.程序设计

(1)求一组成绩的平均分并输出,设给定的成绩为 88、95、80、87、82、60,存放在一维数组 s 中。

(2)将输入的10个整数存入一维数组,按逆序重新存放后再输出。
提示:重新存放就是数据交换的过程。

(3)输入10个整数存入一维数组,找出最小的数,将最小数和数组中最前面的元素对换位置后输出。
提示:找最小值及最小值所在元素的下标,将其与最前面的元素交换。

(4)将输入的字符串中所有下标为偶数位置上的小写字母转化为大写字母后输出。
提示:大、小写字母相差32。对大写字母和其他字符,则不进行转换。

(5)输入两个字符串(小于40字节),将它们连接后输出(不许用系统函数)。
提示:字符串本身是一个字符型数组,注意字符串结束符。

(6)从键盘上输入 10 个整数存入一维数组中,对该数组进行排序(降序),输出排序后的结果。

(7)将 100 以内的所有素数存入一维数组中并输出。
提示:
①素数是除 1 和它本身之外不能被其他任何整数整除的正整数。
②判断数 n 是素数的方法:该数不能被 2 到 $n-1$(或 $n/2$)之间的数除尽。

(8)数组 x[N]保存着一组 4 位无符号整数,从数组 x 中找出十位和千位上的数字相等的所有无符号数,结果保存在数组 y 中并输出。
　　例如,x[8]={1111,2413,2321,2222,4245,3333,1414,5335}时,
　　　　　y[ ]={1111,2321,2222,4245,3333,1414}。

(9)输入一个字符串,将字符串中所有数字字符(0~9)转换为一个整数(去掉其他字符)并输出。例如,字符串"h2a4bc7w"转换为整数是247。

(10)将输入的十进制整数转换成二进制的数输出。
提示:接收一个十进制数和需转换的二进制数,用辗转相除法实现。

实验6 函 数

实验目的

(1)熟练掌握函数的定义和调用。
(2)熟练掌握使用函数编写程序。
(3)掌握函数的实参、形参和返回值的概念及使用。
(4)掌握函数的嵌套调用和递归调用。

实验内容

1. 读程序、写结果

(1)/***** s6_1.c *****/
```c
#include <stdio.h>
void func(int a,int b)
{
    int temp;
    temp=a;
    a=b;
    b=temp;
}
main()
{
    int a=2,b=10;
    func(a,b);
    printf("a=%d,b=%d\n",a,b);
}
```

上机前分析结果：

实际上机结果(分析原因)：

(2)/* * * * * s6_2.c * * * * */
```c
#include <stdio.h>
int fun(int a)
{
    return a%2;
}
main()
{
    int s[8]={1,3,5,2,4,6}, i,d=0;
    for (i=0; fun(s[i]); i++)
        d+=s[i];
    printf(" %d\n",d);
}
```

上机前分析结果：

实际上机结果：

(3)/* * * * * s6_3.c * * * * */
```c
#include <stdio.h>
int fun2( int x , int y )
{
    return ( x / y );
}
int fun1( int x, int y )
{
    int c1, c2 ;
    c1=fun2(x,y);
    c2=fun2(y,x);
    return (c1+c2);
}
main()
{
    int a=12, b=5;
    printf("%d\n", fun1(a,b));
}
```

上机前分析结果：

实际上机结果：

(4) /* * * * * s6_4.c * * * * */
```
#include <stdio.h>
int a=1,j=2;
void func()
{
int i=5;
printf("a=%d,i=%d\n",a,--i);
i++;
a++;
if(a<4)
    func();
a--;
j+=3;
printf("a=%d,j=%d\n",a,j);
}
main()
{
int i=2;
func();
printf("a=%d, i=%d, j=%d\n",a,i,j);
}
```

提示：注意函数递归调用的过程。

上机前分析结果：

实际上机结果：

2. 完善程序

(1)以下函数的功能是:求 100(不包括 100)以内能被 2 或 5 整除,但不能同时被 2 或 5 整除的自然数。结果保存在数组 bb 中,函数 fun()返回数组 bb 元素的个数。

```
/***** s6_5.c *****/
#include <stdio.h>
#define N 100
int fun(int bb[])
{
    int i,j=0;
    for ( __1__ ; i<100;i++)
        if ((i%2!=0&&i%5==0)||(i%2==0&&i%5!=0))
            __2__ ;
    return j;
}
main()
{
    int i,n;
    int bb[N];
    n=fun(bb);
    for (i=0;i<n;i++)
    {
        if (i%10==0)
            printf("\n");
        printf("%4d",bb[i]);
    }
}
```

(2)以下函数的功能是:统计所有小于等于 $x(x>2)$ 的素数的个数,素数的个数作为函数值返回。

```
/***** s6_6.c *****/
#include <stdio.h>
int fun(int x)
{
    int i,j,count=0;
    printf("\nThe prime number %d\n",x);
    for(i=2;i<=x;i++)
    {
/***** found *****/
        for( __1__ ;j<i;j++)
/***** found *****/
            if( __2__ %j==0)
                break;
```

```
/ * * * * * found * * * * */
    if(___3___>=i)
    {
      count++;
      printf(count%15 ? "%5d" : "\n%5d",i);
    }
  }
  return count;
}
main()
{
  int x=20,result;
  result=fun(x);
  printf("\nThe number is %d\n",result);
}
```

3. 改错

(1)在给定程序中,函数 fun 的功能是:根据整型形参 m,计算如下公式的值:

$$y=1+\frac{1}{2\times 2}+\frac{1}{3\times 3}+\cdots+\frac{1}{m\times m}$$

例如,若 m 中的值为 5,则应输出 1.463611。

```
/ * * * * * s6_7.c * * * * */
#include <stdio.h>
double fun(int m)
{
  double y=1.0;
  int i;
/ * * * * * found * * * * */
  for(i=2;i<m;i++)
/ * * * * * found * * * * */
    y+=1/(i*i);
  return(y);
}
main()
{
  int n=5;
  printf("The result is %lf\n",fun(n));
}
```

(2)在给定程序中,函数 fun 的功能是先从键盘上输入 3 行 3 列矩阵的各个元素的值,然后输出主对角线元素之积。

```
/ * * * * * s6_8.c * * * * */
#include <stdio.h>
```

```
int fun()
{
int a[3][3],mul;
int i,j;
/* * * * * found * * * * */
mul=0;
for (i=0;i<3;i++)
{
/* * * * * found * * * * */
  for (i=0;j<3;j++)
    scanf("%d",&a[i][j]);
}
for (i=0;i<3;i++)
/* * * * * found * * * * */
  mul=mul*a[i][j];
printf(" Mul=%d\n",mul);
}
main()
{
fun();
}
```

4. 程序设计

(1)判断输入年份是否为闰年。

提示：

①写一个函数 fun：若参数 y 为闰年,则返回1,否则返回0；

②判断年份是否为闰年的条件是：

◆ 公元年数如能被 4 整除而不能被 100 整除,则是闰年；

◆ 公元年数能被 400 整除也是闰年。

```
/* * * * * s6_9.c * * * * */
#include <stdio.h>
int fun(int y)
{



}
```

```
main()
{
    int year;
    printf("input year：");
    scanf("%d", &year);
    if (fun(year))
        printf(" %d 是闰年。\n", year);
    else
        printf("%d 不是闰年。\n", year);
}
```

(2) 在给定程序中，函数 fun 的功能是：根据整型形参 m 的值，计算如下公式的值：

$$t = 1 + \frac{1}{1+2} + \frac{1}{1+2+3} + \cdots + \frac{1}{1+2+3+\cdots+m}$$

```
/***** s6_10.c *****/
#include <stdio.h>
float fun(int y)
{




















}
main()
{
    int m;
    printf("\n please input m：");
    scanf("%d", &m);
    printf("t=%f\n", fun(m));
}
```

(3) 编写函数 fun，其功能是：把 a 数组中的 n 个数和 b 数组中逆序的 n 个数一一对应相乘，结果存在 c 数组中。

```
/***** s6_11.c *****/
#include <stdio.h>
void fun(int a[], int b[], int c[], int n)
{
```

}
main()
{
int i,a[100]={1,3,5,7,9},b[100]={2,3,4,5,6},c[100];
fun(a,b,c,5);
printf("The result is: ");
for (i=0;i<5;i++)
    printf("%d ",c[i]);
printf("\n");
}

(4)下面程序的功能是计算 $s = \sum_{k=1}^{n} k!$，编写求 $n!$ 的函数 fun。

/****** s6_12.c *****/
#include <stdio.h>
long fun(int n)
{

}
main()
{
int i,n;
long s=0;
printf("please input n: ");
scanf("%d",&n);
for (i=1;i<=n;i++)
    s=s+fun(i);
printf("s=%ld\n",s);
}

(5)编写函数 fun，其功能是：判断形参 str 所指字符串是否是"回文"(palindrome)，若是，函数返回值为 1；若不是"回文"，函数返回值为 0。"回文"是正读和反读都一样的字符串。

例如：LEVELTLEVEL 是回文，而 LEVLEV 不是回文。

```
/***** s6_13.c *****/
#include <stdio.h>
#include <string.h>
int fun(char str[])
{



}
main()
{
int f;
char s[80];
printf("\n input string s:");
gets(s);
f=fun(s);
if (f) printf("\n%s is a Palindrome.\n",s);
  else printf("\n%s isn't a Palindrome.\n",s);
}
```

(6) 输入两个正整数 a 和 n，求 $s_n = a + aa + aaa + \cdots + aa\cdots a(n 个 a)$ 之和。编写函数 fun(a,n)，函数功能是返回 $aa\cdots a(n 个 a)$ 的值。

```
/***** s6_14.c *****/
#include <stdio.h>
#include <string.h>
long fun(int a, int n)
{



}
```

```
main()
{
int a,n,i;
long s=0;
printf("\n please input a：");
scanf("%d",&a);
printf("\n please input n：");
scanf("%d",&n);
for (i=1;i<=n;i++)
    s=s+fun(a,i);
printf("Sn=%ld\n",s);
}
```

(7)编写函数 countch(),其功能是：分别统计字符串中英文字母、空格、数字和其他字符的个数。

```
/ * * * * * s6_15.c * * * * * /
#include <stdio.h>
#include <string.h>
int letters=0,space=0,digit=0,others=0;
void countch(char str[], int n)
{




}
main()
{
int i;
char s[80];
printf("\nplease input some characters\n");
for (i=0;s[i]=getchar(),s[i]!='\n';i++);
    countch(s,i);
printf("char=%d space=%d digit=%d others=%d\n",letters,space,digit,others);
}
```

实验7　存储类型和编译预处理

实验目的

(1)掌握全局变量和局部变量的含义及其使用方法。
(2)掌握变量的各种存储类型及其使用方法。
(3)掌握内部函数和外部函数的含义及其使用方法。
(4)掌握静态变量的作用域及其使用方法。
(5)掌握宏定义和文件包含的含义及其使用方法。

实验内容

1. 读程序、写结果

(1)/ * * * * * s7_1.c * * * * * /
```
#include <stdio.h>
int x=-8, y=100;
int fun(int a)
{
int y;
y=x+a;
x++;
a++;
return(x+y+a);
}
main()
{
int m=2;
y=fun(m);
printf("x=%d,y=%d,m=%d\n",x,y,m);
}
```

上机前分析结果：

实际上机结果：

(2)/＊＊＊＊＊ s7_2.c ＊＊＊＊＊/
```
#include <stdio.h>
int fun(int a)
{
int b=0;
static int c=3;
b=b+1;
c=c+1;
return(a+b+c);
}
main()
{
int a=2,i;
for(i=0;i<3;i++)
  printf("%d ",fun(a));
printf("\n");
}
```

上机前分析结果：

实际上机结果：

(3)/＊＊＊＊＊ s7_3.c ＊＊＊＊＊/
```
#include <stdio.h>
#define M 5
#define N M+M
main()
{
int k;
k=N*N*5;
printf("%d\n",k);
}
```

上机前分析结果：

实际上机结果：

(4)/* * * * * s7_4.c * * * * */
```
#include <stdio.h>
#define PT 5.5
#define S(x) PT*x*x
main()
{
    int a=1,b=2;
    float k;
    k=S(a+b);
    printf("%4.1f\n",k);
}
```

上机前分析结果：

实际上机结果：

(5)/* * * * * s7_5.c * * * * */
```
#include <stdio.h>
#define MIN(x,y) (x)<(y)?(x):(y)
main()
{
    int i=10,j=15,k;
    k=10*MIN(i,j);
    printf("%d\n",k);
}
```

上机前分析结果：

实际上机结果：

(6)/***** s7_6.c *****/
```
#include <stdio.h>
#define N 3
#define Y(n) ((N+1)*n)
main()
{
printf("%d\n",2*(N+Y(5+1)));
}
```

上机前分析结果：

实际上机结果：

(7)/***** s7_7.c *****/
```
#include <stdio.h>
#define PR(a) printf("%d\t",(a))
#define PRINT(a) PR(a);printf("ok!")
main()
{
int a=1,i;
for (i=0;i<3;i++)
   PRINT(a+i);
printf("\n");
}
```

上机前分析结果：

实际上机结果：

(8)有一个名 init.txt 的文件,内容如下：
```
#define HDY(A,B) A/B
#define PRINT(Y) printf("y=%d\n",Y)
```

有以下程序：

```
/***** s7_8.c *****/
#include "init.txt"
main()
{
int a=1,b=2,c=3,d=4,k;
k=HDY(a+c,b+d);
PRINT(k);
}
```

上机前分析结果：

实际上机结果：

2. 完善程序

程序功能：将一个十六进制数字的字符串转换成与它等价的十进制整数值。十六进制允许的字符是从 0～9 和 a～f(A～F)。主函数负责收集字符，并判别它们是否为十六进制数，子函数 htoi() 完成数的转换功能。

```
/***** s7_9.c *****/
#include <stdio.h>
#define MAXLINE 100
#define EOF -1
#define YES  1
#define NO 0
int htoi();
main()
{
int c,i,isdigit;
char t[MAXLINE];
i=0;
isdigit=___1___;
while((c=___2___)!=EOF && i<MAXLINE-1)
{ if(c>='0' && c<='9' || c>='a' && c<='f' || c>='A' && c<='F')
    {
    isdigit=YES;
    t[i++]=___3___;
```

```
        }
    else
      if (isdigit==YES)
        {
          isdigit= __4__ ;
          t[i]= __5__ ;
          printf("%d", __6__ );
          i=0;
        }
    }
}
int htoi(char __7__ )
{
int i,n;
n=0;
for (i=0;s[i]!='\0';i++)
    {
    if (s[i]>='0' && s[i]<='9') n=n*16+s[i]- __8__ ;
    if (s[i]>='a' && s[i]<='f') n=n*16+s[i]- __9__ ;
    if (s[i]>='A' && s[i]<='F') n=n*16+s[i]- __10__ ;
    }
return(n);
}
```

3. 程序设计

编写一个带参数的宏定义，求 x^2-5x+4 的值，x 作为形参，在主函数中输入 a 的值，通过宏替换求 y_1、y_2、y_3 的值：

$y_1=a^2-5a+4$

$y_2=(a+15)^2-5(a+15)+4$

$y_3=\sin^2 a-5\sin a+4$

实验 8 指 针 操 作

实验目的

(1) 掌握指针的概念及定义、指针变量的引用和操作。
(2) 掌握通过指针操作数组元素的方法。
(3) 掌握指针参数在函数中传递地址值。
(4) 掌握通过指针使用字符串。

实验内容

在 C 语言中有以下两个有关指针的运算符。

& 运算符:为取地址运算符,&x 的值为 x 的地址。

* 运算符:称指针运算符,或指向运算符,也称间接运算符,*p 代表 p 所指向的变量。

注意,此处的 *p 与定义指针变量时用的 *p 含义是不同的。在定义时,"int * p"中的"*"不是运算符,它只是表示其后面的变量是一个指针类型的变量。而在程序的执行语句中引用的" * p",其中的"*"是一个指针运算符,*p 表示"p 指向的变量"。

1. 读程序写结果

(1) /* * * * * s8_1.c * * * * */
```
#include <stdio.h>
main()
{
int * p1, * p2, x1, x2, x;
x1=10;
x2=20;
p1=&x1;
p2=&x2;
x= * p1;
* p1= * p2;
* p2=x;
printf("x1=%d,x2=%d\n",x1,x2);
}
```

上机前分析结果:

实际上机结果：

(2) /***** s8_2.c *****/
```c
#include <stdio.h>
main()
{
int a[]={2,3,4};
int *p,s,i;
s=1;
p=a;
for (i=0;i<3;i++)
  s*=*(p+i);
printf("s=%d\n",s);
}
```

上机前分析结果：

实际上机结果：

(3) /***** s8_3.c *****/
```c
#include <stdio.h>
main()
{
int a[]={1,3,5,7,9},*p=a;
printf("%d\n",(*p++));
printf("%d\n",(*++p));
printf("%d\n",(*++p)++);
printf("%d\n",*p);
}
```

上机前分析结果：

实际上机结果：

（4）/ * * * * * s8_4.c * * * * */
```
#include <stdio.h>
main()
{
char s1[]="Today is Friday!";
char *s2="Tomorrow ",*p;
p=s1;
while(*s2!='\0')
  *p++=*s2++;
printf("%s\n",s1);
}
```
上机前分析结果：

实际上机结果：

（5）/ * * * * * s8_5.c * * * * */
```
#include <stdio.h>
int fun(int *s)
{
static int t=0;
t=*s+t;
return t;
}
main()
{
int i,k;
for(i=0;i<4;i++)
  {
  k=fun(&i);
  printf("%4d",k);
  }
```

```
    printf("\n");
}
```

上机前分析结果：

实际上机结果：

2．完善程序

(1)程序功能：函数 strcat1(str1,str2)实现将字符串 str2 拼接到字符串 str1 后面的功能。

```
/* * * * * s8_6.c * * * * */
#include <stdio.h>
char * strcat1(char * str1,char * str2)
{
    char * t=str1;
    while ( __1__ ) str1++;
    while ( __2__ );
    return(t);
}
main()
{
    char s1[80],s2[80], * s3;
    gets(s1);
    gets(s2);
    s3=strcat1(s1,s2);
    printf("%s\n",s3);
}
```

(2)程序功能：依次取出字符串中所有小写字母以形成新的字符串,将新字符串取代原字符串并输出。

```
/* * * * * s8_7.c * * * * */
#include <stdio.h>
void fun(char * s)
{
    int i=0;
    char * p=s;
    while ( __1__ )
    {
```

```
            if ( * p >= 'a' && * p <= 'z' )
              {
              s[i] = * p;
               __2__ ;
              }
            p++;
          }
          s[i] = __3__ ;
        }
        main()
        {
          char str[80];
          gets(str);
          fun(str);
          printf("\n the string of changing is:%s\n",str);
        }
```

(3) 程序功能:通过指针作函数的参数实现三个数从小到大的排序。

```
/* * * * * s8_8.c * * * * */
#include <stdio.h>
void swap( __1__ )
{
  int i;
  i = * pt1;
  * pt1 = * pt2;
  * pt2 = i;
}
void exchange(int * q1,int * q2,int * q3)
{
  if ( __2__ ) swap(q1,q2);
  if ( __3__ ) swap(q1,q3);
  if ( __4__ ) swap(q2,q3);
}
main()
{
  int a,b,c;
  int * p1, * p2, * p3;
  p1=&a; p2=&b; p3=&c;
  * p1=24; * p2=93; * p3=15;
  exchange( __5__ );
  printf("a=%d,b=%d,c=%d\n",a,b,c);
}
```

3. 改错

（1）在下列给定程序中，函数 fun 的功能是：通过某种方式实现两个变量值的交换，规定不允许增加语句或表达式。例如，变量 a 中的值为 8，b 中的值为 3，程序运行后 a 中的值为 3，b 中的值为 8。

```c
/****** s8_9.c ******/
#include <stdio.h>
int fun(int *x, int y)
{
    int t;
    /***** found *****/
    t=x; x=y;
    /***** found *****/
    return(y);
}
main()
{
    int a=3, b=8;
    printf("a=%d,b=%d\n", a, b);
    b=fun(&a, b);
    printf("a=%d,b=%d\n", a, b);
}
```

（2）在给定程序中，函数 fun 的功能是：从 s 所指字符串中删除所有小写字母"c"。请改正程序中的错误，使其能计算出正确的结果。

```c
/****** s8_10.c ******/
#include <stdio.h>
void fun(char *s)
{
    int i, j;
    /***** found *****/
    for (i=0; s[i]!='\0'; i++)
        if (s[i]!='c')
    /***** found *****/
            s[j]=s[i];
    /***** found *****/
    s[i]='\0';
}
main()
{
    char s[80];
    printf("\n Enter a string:");
    gets(s);
```

```
        printf("\n The original string：" );
        puts(s);
        fun(s);
        printf("\nThe string after deleted ：");
        puts(s);
        printf("\n");
}
```

(3)在给定程序中,函数 fun 的功能是：逐个比较 x、y 两个字符串对应位置中的字符,把 ASCII 相等或值小的字符依次存放到 z 数组中,形成一个新的字符串。例如,若 x 中的字符串为 AbceDEfG,y 中的字符串为 ABdefgC,则 z 中的字符串应为 ABceDEC。

请改正程序中的错误,使其能得出正确的结果。

```
/* * * * * s8_11.c * * * * */
#include <stdio.h>
#include <string.h>
void fun(char *a, char *b, char *z)
{
/* * * * * found * * * * */
    int i=1;
/* * * * * found * * * * */
    while (*a!=*b)
      {
       if(*a>*b) z[i]=*b;
          else
          z[i]=*a;
       if(*a) a++;
       if(*b) b++;
       i++;
      }
}
main()
{
  char x[10]="AbceDEfG",y[10]="ABdefgC",z[80]={'\0'};
  fun(x,y,z);
  printf("The string x：");
  puts(x);
  printf("The string y：");
  puts(y);
  printf("The result：");
  puts(z);
}
```

(4)在给定程序中,函数 fun 的功能是：将在字符串 s 中下标为奇数位置上的字符,紧随其

后重复出现一次,放在一个新字符串 t 中,t 中字符按原字符串中字符的顺序排列。(注意 0 为偶数)

例如:当 s 中的字符串为"ABCDEF"时,则 t 中的字符串应为"BBDDFF"。

请改正函数 fun 中的错误,使它能得出正确的结果。

```
/ * * * * s8_12.c * * * * /
#include <conio.h>
#include <stdio.h>
#include <string.h>
void fun(char * s, char * t)
{
int i, j, sl;
sl = strlen(s);
/ * * * * * * * * * * * * found * * * * * * * * * * * * /
for (i=0, j=0; i<sl; i+=2)
  {
t[2*j]=s[i];
t[2*j+1]=s[i];
/ * * * * * * * * * * * * found * * * * * * * * * * * * /
j--;
}
/ * * * * * * * * * * * * found * * * * * * * * * * * * /
t[2*j]="\0";
}
main()
{
char s[100], t[100];
printf("\nPlease enter string s:");
scanf("%s", s);
fun(s, t);
printf("The result is:%s\n", t);
}
```

4. 程序设计

(1)编写函数 fun,对传送过来的三个数选出最大和最小数,并将结果通过形参传回输出。

```
/ * * * * s8_13.c * * * * /
#include <stdio.h>
void fun(int s[], int * p1, int * p2, int n)
{
```

```
    }
    main()
    {
      int a[3],i,max,min;
      for (i=0;i<3;i++)
        scanf("%d",&a[i]);
      fun(a,&max,&min,3);
      printf("max=%d, min=%d\n",max,min);
    }
```

(2) 编写函数 fun,其功能是计算 n 门课程的平均分,计算结果作为函数值返回。例如,若有 5 门课程的成绩是 90.5、72、80、61.5、55,则函数的返回值为 71.8。

```
/***** s8_14.c *****/
#include <stdio.h>
float fun(float *a,int n)
{




















}
main()
{
  float aver,score[30]={90.5,72,80,61.5,55};
  aver=fun(score,5);
  printf("average score is:%5.2f\n",aver);
}
```

(3) 编写函数 fun,其功能是:将两个三位数的正整数 a、b 合并形成一个长整数放在 c 中。合并的方式是将 a 数的百位、十位和个位放在 c 数的十万位、千位和十位上,b 数的百位、十位和个位放在 c 数的万位、百位和个位上。例如,当 $a=456$,$b=123$,调用函数后 $c=415263$。

```
/***** s8_15.c *****/
#include <stdio.h>
void fun(int a, int b, long *c)
{
```

}
main()
{
int a,b;
long c;
printf("\nPlease input a,b:");
scanf("%d%d",&a,&b);
fun(a,b,&c);
printf("the result is:%ld\n",c);
}

(4)编写函数 fun,其功能是:先将字符串 s 中的字符按正序存放到 t 串中,然后再将 s 中的字符按逆序连接到 t 串的后面。

```
/***** s8_16.c *****/
#include <stdio.h>
#include <string.h>
void fun(char *s,char *t)
{








}
main()
{
char s[80],t[80];
printf("\n please enter string s:");
gets(s);
fun(s,t);
printf("\n the result is %s\n",t);
}
```

(5) 函数 fun 的功能是:将 s 所指字符串中除了下标为奇数、同时 ASCII 值也为奇数的字符之外,其余的字符都删除,将串中剩余字符所形成的一个新字符串放在 t 所指的数组中。

```
/* * * * * s8_17.c * * * * */
#include <stdio.h>
#include <string.h>
void fun(char *s, char t[])
{




}
main()
{
char s[100], t[100];
printf("Please enter string s: ");
scanf("%s",s);
fun(s,t);
printf("The result is: %s\n", t);
}
```

(6) 编程,其功能是:对传送过来的两个浮点数求出和值与差值,并通过形参传送回调用函数。

提示:

①利用指针传送地址值,通过传送地址值来改变实参。

②区分 * 变量和 & 变量的含义。

③参考:函数名(数 1,数 2,和变量地址,差变量地址)。

(7)编程:将用户输入的由数字字符和非数字字符组成的字符串中的数字字符提取出来形成一个新的字符串并输出。例如,输入"asd123rt789,fg4k",则产生的新字符串是"1237894"。

提示:用一个函数接收用户输入的字符串,逐一判断每个字符是否是数字字符,若是数字字符,将其逐个存入新字符数组中,并输出新字符串。

(8)编程:用指针方法比较输入的两个字符串是否相等。

提示:可用字符型指针指向字符串的开始,逐个移动指针进行比较。

实验 9 结构体与共用体

实验目的

(1)理解结构体类型、共用体类型的概念,掌握它们的定义形式。
(2)掌握结构体类型、共用体类型变量的定义和变量成员的引用形式。
(3)掌握链表的概念,学会链表的基本操作。

实验内容

1. 读程序写结果

(1)/＊＊＊＊＊＊ s9_1.c ＊＊＊＊＊＊/
```
#include <stdio.h>
struct ks{int a; char * b;}
as[]={5,"abcd",6,"efgh"};
main()
{
struct ks * p; p=as;
printf("%s\n",as[1].b);
printf("%s\n",p->b++);
printf("%s\n",p->b);
printf("%s\n",p++->b);
printf("%s\n",p->b);
}
```

上机前分析结果:

实际上机结果:

(2)/＊＊＊＊＊＊ s9_2.c ＊＊＊＊＊＊/
```
#include <stdio.h>
struct stru
{
char num[10];
```

```
    int score[3];
};
main()
{
    struct stru s[3]={{"200501",90,95,85},{"200502",95,80,75},{"200503",100,95,90}},*p=s;
    int i,j;
    float sum=0;
    for (j=0;j<3;j++)
    {
        sum=0;
        for(i=0;i<3;i++)
            sum=sum+p->score[i];
        printf("N0 %d:%6.2f\n",j+1,sum);
        p++;
    }
}
```

上机前分析结果：

实际上机结果：

(3) /****** s9_3.c ******/
```
#include <stdio.h>
union w
{int x; char ch[2]; } a;
main()
{
    a.ch[0]=13;
    a.ch[1]=0;
    printf("%d\n",a.x);
}
```

上机前分析结果：

实际上机结果：

2. 完善程序

(1)以下程序功能：在给定的一组学生信息(包括姓名、成绩)中，查找成绩最高和最低的学生并输出。

```c
/****** s9_4.c ******/
#include <stdio.h>
main()
{ int max,min,i;
  static struct
  {
    char name[8];
    int score;
  }stud[5]={"li",90,"chen",100,"wang",60,"sun",50,"qian",65};
  max=min=0;
  for(i=1;i<5;i++)
    if (stud[i].score>stud[max].score)  __1__ ;
    else
      if(stud[i].score<stud[min].score)  __2__ ;
  printf("THE MAX SCORE:%s,%d\n", __3__ );
  printf("THE MIN SCORE:%s,%d\n", __4__ );
}
```

(2)学生的信息由学号和成绩组成，N 名学生的信息已存放在结构体数组 s 中，函数 fun 的功能是：求出 N 名学生的平均成绩，把低于平均成绩的学生存入结构体数组 b 中，低于平均成绩的学生人数通过形参 n 传回并输出，平均成绩通过函数值返回；最后升序输出低于平均成绩的学生信息。

```c
/****** s9_5.c ******/
#include <stdio.h>
#define N 8
typedef struct
{
char num[10];
double s;
}STRUC;
double fun(STRUC *a,STRUC *b, int *n)
{
int i,j=0;
```

```
    double av=0.0;
    for(i=0;i<N;i++)
       av=av+  1  ;
    av=  2  ;
    for(i=0;i<N;i++)
       if(a[i].s<av) b[  3  ]=a[i];
    *n=j;
    return  4  ;
}
main()
{
    STRUC s[N]={{"GA05",85},{"GA03",76},{"GA02",69},{"GA04",85},
    {"GA01",91},{"GA07",72},{"GA08",64},{"GA06",87}};
    STRUC h[N],t;
    int i,j,n;
    double ave;
    for(i=0;i<N;i++)
       printf("%s %4.1f\n",s[i].num,s[i].s);
    ave=fun(s,h,&n);
    printf("The %d student data which is lower than %7.3f:\n",n,ave);
    for(i=0;i<n;i++)
       printf("%s %4.1f\n",h[i].num,h[i].s);
    printf("\n");
    for(i=0;i<n-1;i++)
       for(j=i+1;j<n;j++)
          if(h[i].s>h[j].s)
          { t=h[i]; h[i]=h[j]; h[j]=t; }
    for(i=0;i<n;i++)
       printf("%s %4.1f\n",h[i].num,h[i].s);
}
```

3. 改错

(1) 给定程序中通过定义学生结构体变量存储了学生的学号、姓名和3门课的成绩。函数 fun 的功能是将该学生的结构体变量整体赋值,修改新变量中的学号和姓名并打印出来。

例如,若 a={10001,"ZhangSan",95,80,88},则结果为 b={10002,"WangWu",95,80,88}。请将程序的/ * * * * *Found * * * * */下方的语句修改为正确的内容,使程序得出正确的结果。

```
/ * * * * * * s9_6.c * * * * * */
#include <stdio.h>
#include <string.h>
struct student
{ long sno;
```

```
    char name[10];
    float score[3];
};
void fun(struct student a)
{
    struct student b;
    int i;
/* * * * * * * * * * found * * * * * * * * * */
    a=b ;
    b.sno=10002;
/* * * * * * * * * * found * * * * * * * * * */
    strcpy( b.name ,"WangWu");
    printf("学号:%d 姓名:%-8s 各科成绩:",b.sno, b.name);
    for(i=0;i<3;i++)
/* * * * * * * * * * found * * * * * * * * * */
    printf("%6.2f",b.score);
    printf("\n");
}
void main()
{
    struct student s={10001,"ZhangSan",95,80, 88};
    int i;
    printf("学号:%d 姓名:%-8s 各科成绩:",s.sno, s.name);
    for(i=0;i<3;i++)
        printf("%6.2f ",s.score[i]);
    printf("\n");
    fun(s);
}
```

(2)给定程序是建立一个带头节点的单向链表,并用随机函数为各节点赋值。函数 fun 的功能是将单向链表节点(不包括头节点)数据域为偶数的值累加起来,并且作为函数值返回。

请改正程序中的错误,使其能得出正确的结果。

```
/* * * * * * s9_7.c * * * * * * */
#include <stdio.h>
#include <stdlib.h>
typedef struct aa
{
int data;
struct aa * next;
}NODE;
int fun(NODE * h)
{
int sum=0;
```

```c
NODE *p;
/************found************/
p=h;
while(p)
{
    if (p->data%2==0)
        sum+=p->data;
/************found************/
    p=h->next;
}
return sum;
}
NODE *creatlink(int n)
{
    NODE *h,*p,*s,*q;
    int i,x;
    h=p=(NODE *)malloc(sizeof(NODE));
    for(i=1;i<=n;i++)
    {
        s=(NODE *)malloc(sizeof(NODE));
        s->data=rand()%16;
        s->next=p->next;
        p->next=s;
        p=p->next;
    }
    p->next=NULL;
    return h;
}
void outlink(NODE *h)
{
    NODE *p;
    p=h->next;
    printf("THE LIST :\n HEAD");
    while(p)
    {
        printf("->%d",p->data);
        p=p->next;
    }
    printf("\n");
}
main()
{
    NODE *head; int even;
```

```
head=creatlink(12);
head->data=9000;
outlink(head);
even=fun(head);
printf("The result %d;\n",even);
}
```

4. 程序设计

(1)用结构数组建立含 5 个人的通讯录,包括姓名、地址和电话号码。能根据键盘输入的姓名,在通讯录中查找其对应的电话号码并输出。

(2)用结构数组实现输入 3 个人的信息,包括姓名和年龄,找出 3 个人中最年长者,输出其姓名和年龄。

(3)用结构数组实现输入 10 位学生信息,包括姓名、数学、计算机、英语和总分。统计全部学生的总分,按总分从高到低进行排序并输出排序后的结果。

(4) 学生的信息由学号和成绩组成，N 名学生的数据已在主函数中放入结构体数组 s 中，请编写函数 fun，它的功能是：函数返回指定学号的学生数据，指定的学号在主函数中输入；若没找到指定学号的学生，在结构体变量中给学号置空串，给成绩置-1，作为函数值返回（用于字符串比较的函数是 strcmp）。

```
/ * * * * * * s9_11.c * * * * * * /
#include <stdio.h>
#include <string.h>
#define N 16
typedef struct
{
    char num[10];
    int s;
}STREC;
STREC fun(STREC * a, char * b)
{




}
main()
{
    STREC s[N]={{"GA005",85},{"GA003",76},{"GA002",69},{"GA004",85},{"GA001",91},
    {"GA007",72},{"GA008",64},{"GA006",87},{"GA015",85},{"GA013",91},{"GA012",64},
    {"GA014",91},{"GA011",77},{"GA017",64},{"GA018",64},{"GA016",72}};
    STREC h;
    char m[10];
    int i;
    printf("The original data:\n");
    for(i=0;i<N;i++)
    {
        if(i%4==0)
            printf("\n");
        printf("%s %3d ",s[i].num, s[i].s);
    }
    printf("\n\nEnter the number: ");
    gets(m);
    h=fun(s,m);
    printf("The data : ");
    printf("\n%s %4d\n",h.num,h.s);
    h=fun(s,"GA013");
    printf("%s %4d\n",h.num,h.s);
}
```

实验 10 文件操作

实验目的

(1) 掌握文件的基本概念。
(2) 掌握文件的打开、关闭、读、写等操作。
(3) 掌握综合运用所学知识解决问题的方法。

实验内容

1. 读程序写结果

(1) 下列程序中文本文件 myfile.txt 的内容为:"Good China!",分析程序运行后的输出结果。

```
/******s10_1.c******/
#include <stdio.h>
main()
{
    FILE *fp;
    char str[40];
    fp=fopen("myfile.txt","r");
    fgets(str,5,fp);
    printf("%s\n",str);
    fclose(fp);
}
```

上机前分析结果：

实际上机结果：

(2)
```
/******s10_2.c******/
#include <stdio.h>
main()
{
    FILE *fp;
```

```
    char buf[80];
    char a[]="abcdefghi",b[]="123456789";
    if((fp=fopen("mytxt.txt","w+"))==NULL)
        return;
    fputs(a,fp);
    fputc('\n',fp);
    fputs(b,fp);
    rewind(fp);               /*文件指针返回文件开头*/
    while(fgets(buf,80,fp)!=NULL)
        printf("%s",buf);
    printf("\n");
    fclose(fp);
}
```

上机前分析结果：

实际上机结果：

2. 完善程序

(1)程序功能:把从键盘读入的 5 个整数以二进制方式写到一个名为 bit.dat 的新文件中。

```
/******s10_3.c******/
#include<stdio.h>
main()
{
    FILE *fp;
    int i,num;
    if((fp=fopen(__1__,"wb"))==NULL)exit(0);
    for(i=0;i<5;i++)
    {
        scanf("%d",&num);
        fwrite(&num,sizeof(int),1,__2__);
    }
    fclose(fp);
}
```

(2)以下程序中,用户从键盘输入一个文件名,然后输入一串字符(用♯结束输入)存放到此文件中,形成文本文件,并将字符的个数写到文件尾部。

```
/****** s10_4.c ******/
#include <stdio.h>
main()
{
    FILE *fp;
    char ch,fname[32];
    int count=0;
    printf("input the filename:");
    scanf("%s",fname);
    if((fp=fopen(__1__,"w+"))==NULL)
      {
         printf("Can't open file:%s\n",fname);
         exit(0);
      }
    printf("Enter data:\n");
    while((ch=getchar())!='#')
    {
       fputc(__2__,fp);
        __3__;
    }
    fprintf(fp,"\n%d\n",count);    /*将输入的字符个数添加到文件尾*/
    fclose(fp);
}
```

3. 改错

函数的功能是:把文本文件 B 中的内容追加到文本文件 A 的内容之后。

例如,文件 B 的内容为"I'm ten.",文件 A 的内容为"I'm a student!",文件 A.dat 和 B.dat 内容可以用记事本程序创建,注意和 s10_5.c 文件放在同一文件夹内。追加之后文件 A 的内容为"I'm a student！I'm ten."

```
/****** s10_5.c ******/
#include <stdio.h>
#include <conio.h>
#include <windows.h>
#define N 80
main()
{
    FILE *fp,*fp1,*fp2;
    int I;
    char c[N],ch;
    if((fp=fopen("A.dat","r"))==NULL)
       {
          printf("file A cannot be opened\n");
```

```
        exit(0);
    }
    printf("A contents are : \n");
    for(i=0;(ch=fgetc(fp))!=EOF;i++)
    {
        c[i]=ch;
        putchar(c[i]);
    }
    fclose(fp);
    if((fp=fopen("B.dat","r"))==NULL)
    {
        printf("file B cannot be opened\n");
        exit(0);
    }
    printf("B contents are : \n");
    for(i=0;(ch=fgetc(fp))!=EOF;i++)
    {
        c[i]=ch;
        putchar(c[i]);
    }
    fclose(fp);
/************found************/
    if((fp1=fopen("A.dat","a"))||(fp2=fopen("B.dat","r")))
    {
        while((ch=fgetc(fp2))!=EOF)
/************found************/
            fgetc(ch,fp1)
    }
    else printf("Can not open A B !\n");
    fclose(fp2);
    fclose(fp1);
    printf("\n***new A contents***\n\n");
    if((fp=fopen("A.dat","r"))==NULL)
    {
        printf("file A cannot be opened\n");
        exit(0);
    }
    for(i=0;(ch=fgetc(fp))!=EOF;i++)
    {
    c[i]=ch;
    putchar(c[i]);
    }
/************found************/
```

```
        fclose(fp1);
    }
```

4. 程序设计

(1) 将二进制文件 file1.dat 内容复制到 file2.dat 中。(s10_6.c)

提示：

① 首先以读方式打开文件 file1.dat，以写的方式打开文件 file2.dat。

② 逐一读出 file1.dat 文件的数据，并写入 file2.dat 文件中；注意判断文件结束。

(2) 从键盘上输入一个长度大于 50 的字符串放入一个文件中，再从该文件中读出字符串并显示。(s10_7.c)

(3) 从键盘上输入一个字符串，将其中的大写字母全部转换成小写字母，然后存入文件 myfile.txt 中，输入的字符以"#"号结束。(s10_8.c)

(4) 程序通过定义学生结构体变量,存储了学生的学号、姓名和 3 门课的成绩。所有学生数据均以二进制方式输出到文件中。函数 fun 的功能是从形参 filename 所指的文件中读入学生数据,并按照学号从小到大排序后,再用二进制方式把排序后的学生数据输出到 filename 所指的文件中,覆盖原来的文件内容。请编写 fun 函数的代码。(s10_9.c)

```c
/****** s10_9.c ******/
#include <stdio.h>
#define N 5
typedef struct student
{ long sno;
  char name[10];
  float score[3];
}STU;
void fun(char *filename)
{
    FILE *fp;
    int i,j;
    STU s[N],t;












}
main()
{
STU
t[N]={{10005,"ZhangSan",95,80,88},{10003,"LiSi",85,70,78},{10002,"CaoKai",75,60,88},
{10004,"FangFang",90,82,87},{10001,"MaChao",91,92,77}},ss[N];
    int I,j;
    FILE *fp;
    fp=fopen("student.dat","wb");
    fwrite(t,sizeof(STU),5,fp);
    fclose(fp);
    printf("The original data :\n\n");
    for(j=0;j<N;j++)
      {
        printf("No:%ld Name:%-8sScores:    ",
```

```
                    t[j].sno, t[j].name);
            for(i=0;i<3;i++)
                printf("%6.2f",t[j].score[i]);
            printf("\n");
        }
    fun("student.dat");
    printf("The data after sorting:\n");
    fp=fopen("student.dat","rb");
    fread(ss,sizeof(STU),5,fp);
    fclose(fp);
    for(j=0;j<N;j++)
        {
            printf("No:%ld Name:%-8sScores: ",
                    ss[j].sno, ss[j].name);
            for(i=0;i<3;i++)
                printf("%6.2f",ss[j].score[i]);
            printf("\n");
        }
}
```

第二部分　综合测试

测 试 1

1. 填空

数组 x[N]保存着一组 3 位数的无符号正整数,该函数的功能是:从数组中找出个位和百位的数字相等的所有无符号整数,结果保存在数组 y 中,其个数由函数 fun 返回。源程序如下:

```
/***** s11_1.c *****/
#include <stdio.h>
int fun(int x[],int y[],int num)
{
    int i,n=0;
    int g,b;
    for (i=0;i<num;i++)
    {
        g= __1__ ;
        b=x[i]/100;
        if (g==b)
            __2__ ;
    }
    return n;
}
main()
{
    int x[8]={135,787,232,222,424,333,141,541};
    int z[8];
    int num=8, n=0, i=0;
    printf("*** original data ***\n");
    for (i=0;i<num;i++)
        printf("%u ",x[i]);
    printf("\n");
    n=fun(x,z,num);
    for (i=0;i<n;i++)
        printf("%u ",z[i]);
}
```

2. 改错

程序功能:给定程序中函数 fun 的功能是求 s 的值。

设 $s = \dfrac{2^2}{1\times3} \times \dfrac{4^2}{3\times5} \times \dfrac{6^2}{5\times7} \times \cdots \times \dfrac{(2k)^2}{(2k-1)(2k+1)}$

请改正函数 fun 中的错误,使程序能输出正确的结果。

注意:不要改动 main 函数,不得增加行或删除行,也不得更改程序的结构!

```
/***** s11_2.c *****/
#include <conio.h>
#include <stdio.h>
#include <string.h>
/************ found ************/
fun( int k )
{
int n;
float s, w, p, q;
n = 1;
s = 1.0;
while ( n<=k )
  {
     w=2.0 * n;
     p=w-1.0;
     q=w+1.0;
     s=s*w*w/p/q;
     n++;
  }
/************ found ************/
return s
}
main( )
{
printf("%f\n", fun(10));
}
```

3.程序设计

编写函数:函数 fun 的功能是:把 a[]数组中的 n 个数和 b 数组中逆序的 n 个数一一对应相加,结果存在 c[]数组中。

例如,当 a[]数组中的值是 1、3、5、7、8;b[ ]数组中的值是 2、3、4、5、8。

调用该函数后,c[]数组中存放的数据是 9、8、9、10、10。

```
/***** s11_3.c *****/
#include <conio.h>
#include <stdio.h>
void fun(int a[], int b[], int c[], int n)
{
```

```
}
main()
{
int i, a[100]={1,3,5,7,8}, b[100]={2,3,4,5,8}, c[100];
fun(a, b, c, 5);
printf("The result is:");
for (i=0; i<5; i++)
   printf("%d ", c[i]);
printf("\n");
}
```

测 试 2

1. 填空

函数 fun 的功能是:把字符串 str 中的数字字符转换成数字并存放到整数数组 bb[]中,函数返回数组 bb[]的长度。

```
/****** s11_4.c ******/
#include <stdio.h>
#include <string.h>
#define N 80
int fun(char s[],int bb[],int num)
{
  int i,n=0;
  for (i=0;i<num;i++)
  {
    if (  1  )
    {
      bb[n]=  2  ;
      n++;
    }
  }
  return  3  ;
}
main()
{
  char str[N];
  int num=0,n,i,bb[N];
  printf("Enter a string:");
  gets(str);
  num=strlen(str);
  n=fun(str,bb,num);
  printf("\n bb= ");
  for (i=0;i<n;i++)
    printf("%d ",bb[i]);
}
```

2. 改错

函数 fun 的功能是:从低位开始取出长整型变量 s 中偶数位上的数,依次构成一个新数放在 t 中。例如,当 s 中的数为 654321 时,t 中的数为 642。

/****** s11_5.c ******/

```
#include <conio.h>
#include <stdio.h>
/********found********/
void fun(long s,long t)
{
long s1=10;
s/=10;
*t=s%10;
/********found********/
while(s<0)
   {
   s=s/100;
   *t=s%10*s1+*t;
   s1=s1*10;
   }
}
main()
{
long s,t;
printf("\nPlease enter s:");
scanf("%ld",&s);
fun(s,&t);
printf("The result is:%ld\n",t);
}
```

3. 程序设计

编写函数 fun，该函数的功能是：将低于平均分的分数放在 below[]所指的数组中，将低于平均分的人数作为函数返回值返回。

```
/******s11_6.c******/
#include <stdio.h>
#include <string.h>
int fun(int score[], int m, int below[])
{
```

}
main( )
{
int i,n,below[9];
int score[9]={10,20,30,40,50,60,70,80,90};
n=fun(score,9,below);
printf("\n Below the average score:");
for (i=0;i<n;i++)
   printf("%d ",below[i]);
printf("\n");
}

测 试 3

1. 填空

函数 fun 的功能是：依次取出字符串中所有小写字母，形成新的字符串，并取代原字符串。

```
/***** s11_7.c *****/
#include <stdio.h>
#include <conio.h>
void fun(char *s)
{
  int i=0;
  char *p=s;
  while(  1  )
    {
    if(*p>='a' && *p<='z')
      {
      s[i]=*p;
        2  ;
      }
    p++;
    }
  s[i]=  3  ;
}

main()
{
  char str[80];
  printf("\nEnter a string :");
  gets(str);
  printf("\nThe string is : %s\n",str);
  fun(str);
  printf("\nThe string of changing is : %s\n",str);
}
```

2. 改错

函数 fun 的功能是：把在字符串 s 中出现的每相邻的两个字符，紧随其后重复出现一次，放在一个新字符串 t 中，字符串 s 中尾部剩余的单个字符也重复，放在 t 的最后。

例如，当 s 中的字符串为"ABCDE"时，t 中的字符串应为"ABABCDCDEE"。

请改正函数 fun 中的错误，使它能得出正确的结果。注意：不要改动 main()函数，不得增加行或删除行，也不得更改程序的结构。

```
/****** s11_8.c ******/
#include <conio.h>
#include <stdio.h>
#include <string.h>
void fun(char *s, char *t)
{
    int i, j, sl;
    sl = strlen(s);
    /************ found ************/
    for (i=0, j=1; i<Sl; i+=2)
    {
        t[j++]=s[i];
        if (i+1<sl) t[j++]=s[i+1];
        t[j++]=s[i];
        if (i+1<sl) t[j++]=s[i+1];
    }
    /************ found ************/
    t[j] = '0';
}
main()
{
    char s[100], t[100];
    printf("\nPlease enter string s:");
    scanf("%s", s);
    fun(s, t);
    printf("The result is: %s\n", t);
}
```

3. 程序设计

编写函数 fun，该函数的功能是：求出能整除 x 且不是偶数的各整数，并按从小到大的顺序放在 pp[] 所指的数组中，这些除数的个数通过形参 n 返回。例如，若 x 的值为 30，则有 4 个数符合在求，它们是 1、3、5、15。

```
/****** s11_9.c ******/
#include <conio.h>
#include <stdio.h>
void fun(int x, int pp[], int *n)
{
```

```
}
main()
{
    int x, aa[1000], n, i;
    printf("\nPlease enter an integer number:\n");
    scanf("%d",&x);
    fun(x,aa,&n);
    for(i=0;i<n;i++)
        printf("%d ", aa[i]);
    printf("\n");
}
```

测 试 4

1. 填空

函数 fun 的功能是:查找字符串 str 中值为 x 的元素,返回找到值为 x 的元素个数,并把这些值为 x 的下标依次保存在数组 bb[]中。例如,在"abcdefahij"中查找"a",结果为:两个"a",下标依次为 0、6。

```
/ * * * * * s11_10.c * * * * * /
#include <stdio.h>
#include <conio.h>
#define N 20
int bb[N];
int fun(char * str, char ch)
{
int i=0,n=0;
char t=ch;
char * p=str;
while( * p)
  {
  if(  1  )
      2  ;
  p++;
  i++;
  }
return   3  ;
}
main()
{
char str[N];
char x;
int i, n;
printf(" * * * * * * input the original string * * * * * * \n");
gets(str);
printf(" * * * * * * input character * * * * * * \n");
scanf("%c",&x);
n=fun(str,x);
printf("\nThe number of character is: %d\n",n);
printf(" * * * * * * The suffix of character * * * * * * \n");
for(i=0;i<n;i++)
   printf(" %d ",bb[i]);
}
```

2. 改错

以下给定的程序中,函数 fun 的功能是:将在字符串 s 中下标为偶数位置上的字符,紧随其后重复出现一次,放在一个新字符串 t 中,t 中字符按原字符串中字符出现的逆序排列。(注意 0 为偶数)

例如,当 s 中的字符串为"ABCDEF"时,则 t 中的字符串应为"EECCAA"。

请改正函数 fun 中的错误,使它能得出正确的结果。

注意:不要改动 main() 函数,不得增加行或删行,也不得更改程序的结构!

```
/****** s11_11.c ******/
#include <conio.h>
#include <stdio.h>
#include <string.h>
void fun(char *s, char *t)
{
  int i, j, sl;
  sl = strlen(s);
  if(sl%2) sl--; else sl-=2;
  /************* found *************/
  for (i=sl, j=0; i>=0; i--)
    {
    t[2*j] = s[i];
    t[2*j+1] = s[i];
    j++;
    }
  /************* found *************/
  t[2*sl] = '\0';
}
main()
{
  char s[100], t[100];
  printf("\nPlease enter string s:");
  scanf("%s", s);
  fun(s, t);
  printf("The result is: %s\n", t);
}
```

3. 程序设计

学生的记录由学号和成绩组成,N 名学生的数据已在主函数中放入结构体数组 s[] 中,编写函数 fun,它的功能是:按分数的降序排列学生的记录。

```
/****** s11_12.c ******/
#include <stdio.h>
#define N 16
```

```
typedef struct
{
   char num[10];
   int s;
}STREC;
void fun(STREC a[])
{



}
main()
{
STREC s[N]={{"GA005",85},{"GA003",76},{"GA002",69},{"GA004",85},
{"GA001",91},{"GA007",72},{"GA008",64},{"GA006",87},
{"GA015",85},{"GA013",91},{"GA012",64},{"GA014",91},
{"GA011",66},{"GA017",64},{"GA018",64},{"GA016",72}};
int i;
fun(s);
printf("The data after sorted :\n");
for(i=0;i<N;i++)
   printf("%s %4d \n", s[i].num, s[i].s);
}
```

测 试 5

1. 填空

以下程序的功能是：把字符串 str 中的字符在终端输出并保存到磁盘文件"out.dat"中。

```
/ * * * * * s11_13.c * * * * */
#include <stdio.h>
#include <conio.h>
#include <stdlib.h>
#define N 80
main()
{
FILE *fp;
char ch;
int i=0;
char str[N]=" I'm a student!";
if ((fp=fopen( 1 ))==NULL)
   {
   printf("can't open out.dat file.\n");
   exit(0);
   }
   while (str[i])
     {
     ch=str[i];
      2 ;
     putchar(ch);
     i++;
     }
   3 ;
}
```

2. 改错

给定程序中函数 fun 的功能是：将未在字符串 s 中出现、而在字符串 t 中出现的字符，构成一个新的字符串放在 u 中，u 中字符按原字符串中字符顺序的逆序排列，不去掉重复字符。

例如，当 s = "ABCDE", t = "BDFGG"时，u 中的字符是"GGF"。

请改正函数 fun 中的错误，使它能得出正确的结果。注意：不要改动 main()函数，不得增加行或删行，也不得更改程序的结构！

```
/ * * * * * * s11_14.c * * * * * */
#include <conio.h>
#include <stdio.h>
```

```
#include <string.h>
void fun (char *s, char *t, char *u)
{
int i,j, sl, tl, ul;
char r, *up=u;
sl=strlen(s);
tl=strlen(t);
for (i=0; i<tl; i++)
   {
   for (j=0; j<sl; j++)
      if (t[i]==s[j]) break;
   if (j>=sl) *u++ = t[i];
   }
/************found***************/
u='\0';
ul=strlen(up);
/************found***************/
for (i=0; i<ul; i++)
   {
   r = up[i];
   up[i]=up[ul-1-i];
   up[ul-1-i]=r;
   }
}
main()
{
char s[100], t[100], u[100];
printf("\nPlease enter string s: ");
scanf("%s", s);
printf("\nPlease enter string t: ");
scanf("%s", t);
fun(s, t, u);
printf("The result is: %s\n", u);
}
```

3. 程序设计

请编写函数 fun,该函数的功能是:将 s 所指字符串中下标为奇数的字符删除,字符串中剩余字符形成的新字符串放在 t 所指数组中。

```
/******* s11_15.c ******/
#include <stdio.h>
#include <string.h>
void fun(char s[],char t[])
```

{

}
main()
{
    char s[80],t[80];
    printf("\n please enter string: ");
    scanf("%s",s);
    fun(s,t);
    printf("\n The result is:%s",t);
}

测 试 6

1. 填空

给定程序中,函数 fun() 的功能是:计算下式前 n 项的和作为函数值返回。

$$s = \frac{1\times 3}{2^2} - \frac{3\times 5}{4^2} + \frac{5\times 7}{6^2} - \cdots + (-1)^{n-1}\frac{(2\times n-1)\times(2\times n+1)}{(2\times n)^2}$$

例如,当形参 n 的值为 10 时,函数返回 -0.204491。

```
/***** s11_16.c *****/
#include <stdio.h>
double fun(int n)
{
  int i, k;
  double s, t;
  s=0;
  k=  1  ;
  for(i=1; i<=n; i++)
  {
     t=  2  ;
     s=s+k*(2*i-1)*(2*i+1)/(t*t);
     k=k*  3  ;
  }
  return s;
}
main()
{
  int n= -1;
  while(n<0)
  {
    printf("Please input(n>0): ");
    scanf("%d",&n);
  }
  printf("\nThe result is: %lf\n",fun(n));
}
```

2. 改错

以下给定程序的功能是:求出分数序列的前 n 项之和 $\frac{2}{1}, \frac{3}{2}, \frac{5}{3}, \frac{8}{5}, \frac{13}{8}, \frac{21}{13}, \cdots$。和值通过函数值返回。例如,若 $n=5$,则应输出 8.391667。

```
/***** s11_17.c *****/
```

```
#include <conio.h>
#include <stdio.h>
/********found********/
fun(int n)
{
int a,b,c,k;
double s;
s=0.0;a=2;
/********found********/
b=0;
for(k=1;k<=n;k++)
  {
    s=s+(double)a/b;
    c=a;
    a=b+c;
    b=c;
  }
/********found********/
return s
}
main()
{
int n=5;
printf("\n The value of function is:%f\n",fun(n));
}
```

3. 程序设计

编写函数 fun,其功能是实现矩阵(3 行 3 列)的转置(行列互换)。
例如,输入下面的矩阵:

      10 20 30
      40 50 60
      70 80 90

程序输出:

      10 40 70
      20 50 80
      30 60 90

```
/***** s11_18.c *****/
#include <stdio.h>
void fun(int arr[3][3])
{
```

```c
}
main()
{
    int i,j;
    int arr[3][3]={{10,20,30},{40,50,60},{70,80,90}};
    for (i=0;i<3;i++)
    {
        for (j=0;j<3;j++)
            printf("%6d",arr[i][j]);
        printf("\n");
    }
    fun(arr);
    printf("Converted array:\n");
    for (i=0;i<3;i++)
    {
        for (j=0;j<3;j++)
            printf("%6d",arr[i][j]);
        printf("\n");
    }
}
```

第三部分 习　　题

习题 1　数据运算、顺序结构

一、选择题

1. 以下说法中正确的是_____。
   A. C 语言程序总是从第一个函数开始执行
   B. 在 C 语言程序中,要调用的函数必须在 main() 函数中定义
   C. C 语言程序总是从 main() 函数开始执行
   D. C 语言程序中的 main() 函数必须放在程序的开始部分
2. 以下合法的实型常量是_____。
   A. 5E2.0　　　　B. E-3　　　　C. 2E0　　　　D. 1.3E
3. 在 C 语言提供的合法的关键字是_____。
   A. swicth　　　　B. cher　　　　C. Case　　　　D. default
4. 以下选项中属于 C 语言的数据类型是_____。
   A. 复数型　　　　B. 逻辑型　　　　C. 双精度型　　　　D. 集合型
5. C 语言中最简单的数据类型包括_____。
   A. 整型、实型、逻辑型　　　　B. 整型、实型、字符型
   C. 整型、字符型、逻辑型　　　　D. 整型、实型、逻辑型、字符型
6. 在 C 语言中,不正确的 int 类型的常数是_____。
   A. 32768　　　　B. 0　　　　C. 037　　　　D. 0xAF
7. 以下不能定义用户标识符的是_____。
   A. scanf　　　　B. Void　　　　C. _3com　　　　D. int
8. 在 C 语言中,不合法的字符常量是_____。
   A. '2'　　　　B. '\101'　　　　C. 'ab'　　　　D. '\0'
9. 下列不正确的转义字符是_____。
   A. '\\'　　　　B. '\"'　　　　C. '074'　　　　D. '\0'
10. 若有以下定义:

    char a; int b; float c; double d;

则表达式 a*b+d-c 值的类型为_____。
    A. float　　　　B. int　　　　C. char　　　　D. double
11. C 语言中,运算对象必须是整型数的运算符是_____。
    A. %　　　　B. \　　　　C. % 和 \　　　　D. * *
12. 假定有变量定义:"int k=7 ,x=12;",则能使值为 3 的表达式是_____。
    A. x%=(k%=5)　　　　　　　B. x%=(k-k%5)
    C. x%=k-k%5　　　　　　　D. (x%=k)-(k%=5)
13. 若已定义 x 和 y 为 double 类型,则表达式:x=1,y=x+3/2 的值是_____。
    A. 1　　　　B. 2　　　　C. 2.0　　　　D. 2.5

14. 下列语句中符合 C 语言语法的赋值语句是_____。
    A. a＝7＋b＋c＝a＋7;   B. a＝7＋b＋＋＝a＋7;
    C. a＝7＋b,b＋＋,a＋7   D. a＝7＋b,c＝a＋7;

15. 以下叙述中正确的是_____。
    A. 输入项可以是一个实型常量,如"scanf("%f",3.5);"
    B. 只有格式控制,没有输入项,也能正确输入数据到内存,例如,"scanf("a＝%d,b＝%d");"
    C. 当输入一个实型数据时,格式控制部分可以规定小数点后的位数,例如"scanf("%4.2f",&d);"
    D. 当输入数据时,必须指明变量地址,例如,"scanf("%f",&f);"

16. 设 i 是 int 型变量,f 是 float 型变量,下面的语句给这两个变量输入值:
    scanf("i＝%d,f＝%f",&i,&f);
为了把 100 和 765.12 分别赋给 i 和 f,则正确的输入为_____。
    A. 100,765.12   B. i＝100,f＝765.12
    C. 100765.12   D. x＝100y＝765.12

17. 设 $a=1,b=2,c=3,d=4$,则表达式:a<b?a:c<d?a:d 的结果为_____。
    A. 4   B. 3   C. 2   D. 1

18. 设 x 为 int 型变量,则执行语句"x＝10;x＋＝x－＝x－x;"后,x 的值为_____。
    A. 10   B. 20   C. 40   D. 30

19. 设 x、y、z 和 k 都是 int 型变量,则执行表达式:x＝(y＝4,z＝16,k＝32)后,x 的值为_____。
    A. 4   B. 16   C. 32   D. 52

20. 在以下一组运算符中,优先级最高的运算符是_____。
    A. <＝   B. ＝   C. %   D. &&

21. 表达式:10!＝9 的值是_____。
    A. true   B. 非零值   C. 0   D. 1

22. 设有 int a＝3,b＝－4,c＝0;表达式((a>b?a:b))&& c<0 的值是_____。
    A. －4   B. 0   C. 1   D. 3

23. 若有说明和语句:
    int a＝5;
    a＋＋;
表达式 a＋＋ 的值是_____。
    A. 7   B. 6   C. 5   D. 4

24. 在下列选项中,不正确的赋值语句是_____。
    A. ＋＋t;   B. n1＝(n2＝(n3＝0));
    C. k＝i＝＝j;   D. a＝b＋c＝1;

25. 设有如下的变量定义：

   int i=8,k,a,b;
   unsigned long w=5;
   double x=1.42,y=5.2;

则以下符合 C 语言语法的表达式是_____。
   A. a+=a-=(b=4)*(a=3)   B. x%(-3);
   C. a=a*3=2   D. y=float(i)

26. 设 x 和 y 均为 int 型变量,则以下语句:"x=x+y;y=x-y;x=x-y;"的功能是_____。
   A. 把 x 和 y 按从大到小排列   B. 把 x 和 y 按从小到大排列
   C. 无确定结果   D. 交换 x 和 y 中的值

27. 语句"printf("%d",(a=2)&&(b=-2));"的输出结果是_____。
   A. 无输出   B. 结果不确定   C. -1   D. 1

28. 设有如下定义：

   int x=1,y=-1;

则语句:"printf("%d\n",(x--&&++y));"的输出结果是_____。
   A. 1   B. 0   C. -1   D. 2

29. 当 c 的值不为 0 时,在下列选项中能正确将 c 的值赋给变量 a,b 的是_____。
   A. c=b=a;   B. (a=c)||(b=c);
   C. (a=c)&&(b=c);   D. a=c=b;

30. 能正确表示 $a \geq 10$ 或 $a \leq 0$ 的关系表达式是_____。
   A. a>=10 or a<=0   B. a>=10 | a<=0
   C. a>=10 || a<=0   D. a>=10&&a<=0

31. 为表示关系 $x \geq y \geq z$,应使用 C 语言表达式为_____。
   A. (x>=y)&&(y>=z)   B. (x>=y)and(y>=z)
   C. (x>=y>=z)   D. (x>=y)&(y>=z)

32. 设 x,y,z,t 均为 int 型变量,则执行以下语句后,t 的值为_____。

   x=y=z=1;
   t=++x||++y&&++z;

   A. 不定值   B. 2   C. 1   D. 0

33. 设有如下定义：

   int a=1,b=2,c=3,d=4,m=2,n=2;

则执行表达式:(m=a>b)&&(n=c>d)后,n 的值为_____。
   A. 1   B. 2   C. 3   D. 0

34. 能正确表示 a 和 b 同时为正或同时为负的逻辑表达式是_____。
   A. (a>=0 || b>=0)&&(a<0 || b<0)
   B. (a>=0&&b>=0)&&(a<0&&b<0)

C. (a+b>0)&&(a+b<=0)

D. a*b>0

35. 设有如下定义：

   int x=10,y=3,z;

则语句"printf("%d\n",z=(x%y,x/y));"的输出结果是_____。

A. 1   B. 0   C. 4   D. 3

36. 若有以下定义和语句：

   int u=010,v=0x10,w=10;
   printf("%d,%d,%d\n",u,v,w);

则输出结果是_____。

A. 8,16,10   B. 10,10,10   C. 8,8,10   D. 8,10,10

37. 若有以下定义和语句：

   char c1='b',c2='e';
   printf("%d,%c\n",c2-c1,c2-'a'+'A');

则输出结果是_____。

A. 2,M

B. 3,E

C. 2,F

D. 输出项与对应的格式控制不一致,输出结果不确定

38. 以下程序的输出结果是_____。

   #include <stdio.h>
   main()
   {
   int k=17;
   printf("%d,%o,%x \n",k,k,k);
   }

A. 17,021,0x11   B. 17,17,17

C. 17,0x11,021   D. 17,21,11

39. 以下程序的输出结果是_____。

   #include <stdio.h>
   main()
   {
   int a=-1,b=4,k;
   k=(++a<0)&&!(b--<=0);
   printf("%d%d%d\n",k,a,b);
   }

A. 104   B. 103   C. 003   D. 004

40. 以下程序的输出结果是_____。

```
#include <stdio.h>
main( )
{
int x=10,y=10;
printf("%d %d\n",x--,--y);
}
```

  A. 10 10   B. 9 9   C. 9 10   D. 10 9

41. 执行下面程序后，a 的值是_____。

```
#include <stdio.h>
main()
{
int a;
printf("%d\n",(a=3*5,a*4,a+5));
}
```

  A. 65   B. 20   C. 15   D. 10

42. 已知字母 A 的 ASCⅡ 码为十进制的 65，下面程序的输出是_____。

```
#include <stdio.h>
main()
{
char ch1,ch2;
ch1='A'+'5'-'3';
ch2='A'+'6'-'3';
printf ("%d,%c\n",ch1,ch2);
}
```

  A. 67,D   B. B,C   C. C,D   D. 不确定的值

43. 以下程序的输出结果是_____。

```
#include <stdio.h>
main()
{
int x=10,y=3;
printf("%d\n",y=x/y);
}
```

  A. 0   B. 1   C. 3   D. 不确定的值

44. 以下程序的输出结果是_____。

```
#include <stdio.h>
main( )
{
int a=12,b=12;
```

printf("%d %d\n",--a,++b);
　}
　　A. 10　10　　　　B. 12　12　　　　C. 11　10　　　　D. 11　13

45. 以下程序的输出结果是_____。

　　#include <stdio.h>
　main()
　{
　int a=-1,b=4,k;
　k=(a++<=0)&&(!(b--<=0));
　printf("%d %d %d \n",k,a,b);
　}

　　A. 0 0 3　　　　B. 0 1 2　　　　C. 1 0 3　　　　D. 1 1 2

二、填空题

1. 在 C 语言中,一个 int 型变量在内存中所占的字节数是_____,一个 float 型变量在内存中所占的字节数是_____。

2. 若定义"float x=70.3;",则表达式(long)x+'A'+28.5 的值是_____类型。

3. 表达式"3.5+1/2+56%10"的计算结果是_____。

4. 若定义"int a=3,b=2,c;",则表达式 c=b*=a-1 的值为_____。

5. 若定义"int a=1,b=15;",在执行了"--a&&b++;"语句后,b 的值为_____。

6. 表达式 10||20||30 的值是_____。

7. 表达式(!10>3)?2+4:1,2,3 的值是_____。

8. 定义字符变量 ch,并使它的初值为数字字符'8'的变量定义语句是_____。

9. 整数 123,取它的个位数的表达式为_____,取百位数的表达式为_____,取十位数的表达式为_____。

10. 整数以_____开头的数是八进制,以_____开头的数是十六进制数。

11. 一个 C 语句中至少应包含一个_____。

12. 在 C 语言中一个字符常量存放到内存单元去,实际是将字符相应的_____码放到存储器单元去,所以字符型数据和_____型数据之间可以通用。

习题 2　选 择 结 构

一、选择题

1. 逻辑运算符两侧运算对象的数据类型_____。
   A. 只能是 1 或 0　　　　　　　　　　B. 只能是 0 或非 0 正数
   C. 只能是整型或字符型数据　　　　　D. 可以是任何类型的数据

2. 下列关系表达式中结果为假的是_____。
   A. 0!=1　　　　　　　　　　　　　 B. 2<=8
   C. (a=2*2)==2　　　　　　　　　　 D. y=(2+2)==4

3. 下列运算符中优先级最低的是_____。
   A. ?:　　　　　　B. +=　　　　　　C. >=　　　　　　D. ==

4. 设 x、y、z 是 int 型变量,且 $x=3,y=4,z=5$,则下面表达式中值为 0 的是_____。
   A. 'x'&&'y'　　　　　　　　　　　　B. x<=y
   C. x||y+z&&y-z　　　　　　　　　 D. !((x<y)&&!z||1)

5. 若希望 a 的值为奇数时,表达式的值为真;当 a 的值为偶数时,表达式的值为假,则以下不能满足要求的表达式是_____。
   A. a%2==1　　B. !(a%2==0)　　C. !(a%2)　　D. a%2

6. 设有说明语句"int a=1,b=2,c=3,d=4,m=2,n=2;",则执行(m=a>b)&&(n=c>d)后 n 的值为_____。
   A. 1　　　　　　B. 2　　　　　　C. 3　　　　　　D. 4

7. 执行以下程序段后的输出是_____。

   int i=-1;
   if(i<=0)printf("****\n");
       else printf("%%%%\n");

   A. ****　　　　　B. 出错　　　　　C. %%%%c　　　　D. %%%%

8. 执行以下程序段后的输出是_____。

   int a,b,d=241;
   a=d/100%9;
   b=(-1)&&(-1);
   printf("%d,%d",a,b);

   A. 6,1　　　　　B. 2,1　　　　　C. 6,0　　　　　D. 2,0

9. 执行以下语句后 a 的值为 __[1]__ ,b 的值为 __[2]__ 。

   int a=5,b=6,w=1,x=2,y=3,z=4;
   (a=w>x)&&(b=y>z);

   [1]　A. 5　　　　　B. 0　　　　　C. 2　　　　　D. 1

[2] A. 6 B. 0 C. 1 D. 4

10. 在 C 语言中,紧跟在关键字 if 后一对圆括号里的表达式_____。

A. 只能用逻辑表达式
B. 只能用关系表达式
C. 只能用逻辑表达式或关系表达式
D. 可以是任意表达式

二、填空题

1. 以下程序的运行结果是_____。

```
#include <stdio.h>
main()
{
    int x=1,y,z;
    x*=3+2;
    printf("%d\t",x);
    x*=y=z=5;
    printf("%d\t",x);
    x=y==z;
    printf("%d\n",x);
}
```

2. 以下程序的运行结果是_____。

```
#include <stdio.h>
main()
{
    int x,y,z;
    x=3;y=3;
    z=x==y;
    printf("z=%d\n",z);
}
```

3. 以下程序的运行结果是_____。

```
#include <stdio.h>
main()
{
    int a1,a2,b1,b2;
    int i=5,j=7,k=0;
    a1=!k;
    a2=i!=j;
    printf("a1=%d\ta2=%d\n",a1,a2);
    b1=k&&j;
    b2=k||j;
    printf("b1=%d\tb2=%d\n",b1,b2);
}
```

4. 以下程序的运行结果是_____。

```c
#include <stdio.h>
main()
{
int x,y,z;
x=1;y=1;z=0;
x=x||y&&z;
printf("%d,%d\n",x,x&&!y||z);
}
```

5. 将下列 2 条语句合并成 1 条为_____。
语句 1:if(a>b)scanf("%d",&a);
        else scanf("%d",&b);
语句 2:if(a<=b)m++;
        else n++;

6. 以下程序的功能是_____。

```c
#include <stdio.h>
main()
{
int x,y,sum,product;
printf("Enter x and y:");
scanf("%d%d",&x,&y);
sum=x+y;
product=x*y;
if(sum>=product)
   printf("x+y>=x*y\n");
else
   printf("x+y<x*y\n");
}
```

7. 若运行时输入 16<回车>,则以下程序的运行结果是_____。

```c
#include <stdio.h>
main()
{
int year;
printf("input your year:");
scanf("%d",&year);
if(year>=18)
   printf("you $ 4.5 yuan/hour\n");
else
   printf("you ¥3.0 yuan/hour\n");
}
```

8. 若运行时输入 2<回车>,则以下程序的运行结果是_____。

```c
#include <stdio.h>
main()
{
char class;
printf("enter 1 for 1st class post or 2 for 2nd post");
scanf("%d",&class);
if(class=='1')
    printf("1st class postage is 19p. \n");
else
    printf("2nd class postage is 14p. \n");
}
```

9. 若运行时输入 1605<回车>,则以下程序的运行结果是_____。

```c
#include <stdio.h>
main()
{
int t,h,m;
scanf("%d",&t);
h=(t/100)%12;
if(h==0)
    h=12;
printf("%d",h);
m=t%100;
if(m<10)
    printf("0");
printf("%d",m);
if(t<1200||t==2400)
    printf("AM\n");
else printf("PM\n");
}
```

10. 若运行时输入 5999<回车>,则以下程序的运行结果(保留小数点后一位)是_____。

```c
#include <stdio.h>
main()
{
int x;
float y;
scanf("%d",&x);
if(x>=0&&x<=2999) y=18+0.12*x;
if(x>=3000&&x<=5999) y=36+0.6*x;
if(x>=6000&&x<=10000) y=54+0.3*x;
printf("%6.1f\n",y);
}
```

习题3 循环结构

一、选择题

1. 设有程序段：

   ```
   t=0;
   while(printf("*"))
   {t++;
   if(t<3)break;
   }
   ```

   下面描写正确的是_____。
   A. 其中循环控制表达式与 0 等价
   B. 其中循环控制表达式与 1 等价
   C. 其中循环控制表达式是不合法的
   D. 以上说法都不对

2. 下面程序的功能是将从键盘输入的一对数，由大到小输出。当输入一对数相等时结束循环。请选择_____填空。

   ```
   #include <stdio.h>
   main()
   {int a,b,t;
   scanf("%d%d",&a,&b);
   while (_____)
   {if(a>b)
   {t=a;a=b;b=t;}
   printf("%d,%d",a,b);
   scanf("%d%d",&a,&b);
   }
   }
   ```

   A. !a=b   B. a!=b   C. a==b   D. a=b

3. 下面程序的功能是从键盘输入一组字符串，统计出大写字母的个数 m 和小写字母个数 n，并输出 m、n 中的较大者，请选择_____填空。

   ```
   #include <stdio.h>
   main()
   {
   int m=0,n=0;
   char c;
   while((__[1]__)!='\n')
       {
   ```

```
        if(c>='A'&&c<='Z')m++;
        if(c>='a'&&c<='z')n++;
          }
    printf("%d\n",m<n? [2] );
     }
```

[1]A. c=getcha()   B. getchar()   C. c=getchar()   D. scanf("%c",c)
[2]A. n:m   B. m:m   C. m:n   D. n:n

4. 下面的程序功能是将小写字母变大写字母后的第二个字母。其中 y 变成 A，z 变成 B。请选择_____填空。

```
    #include <stdio.h>
    main()
    {
    char c;
    while((c=getchar())!='\n')
    {if(c>='a'&&c<='z')
      { [1] ;
       if (c>'Z') [2] ;
       }
    printf("%c",c);
     }
     }
```

[1]A. c+=2   B. c-=32   C. c=c+32=2   D. c=c-32+2
[2]A. c='B'   B. c='A'   C. c-=26   D. c=c+26

5. 下面的程序功能是在输入的一批正整数中求出最大者，输入 0 结束循环，请选择_____填空。

```
    #include <stdio.h>
    main()
    {
    int a,max=0;
    scanf("%d",&a);
    while(_____)
      { if(max<a)max=a;
        scanf("%d",&a);
       }
    printf("%d",max);
     }
```

A. a==0   B. a   C. !a==1   D. !a

6. 下面程序的运行结果是_____。

```
    #include <stdio.h>
    main()
```

```
{
    int num=0;
    while(num<=2)
      { num++;
        printf("%d\n",num);
      }
}
```

  A. 1   B. 1 2   C. 1 2 3   D. 1 2 3 4

7. 下面程序的功能是计算一个整数的各位之和,请选择_____填空。

```
int n,m=1;
scanf("%d",&n);
for(  ;n!=0; )
   {m _____;
    n/=10;
   }
printf("%d\n",m);
```

  A. +=n%10   B. =n%10   C. +=0   D. =n/10

8. 以下能计算 1×2×3×⋯×10 的程序是_____。

  A. do   B. do
    { i=1;s=1;   { i=1;s=0;
     s=s*i;   s=s*i;
     i++;   i++;
    }while(i<=10);   }while(i<=10);

  C. i=1;s=1;   D. i=1;s=0;
   do   do
   { s=s*i;   { s=s*i;
    i++;   i++;
   }while(i<=10);   }while(i<=10);

9. 下面有关 for 循环的正确描述是_____。

  A. for 循环只能用于循环次数已经确定的情况

  B. for 循环是先执行循环体语句,后判断表达式

  C. 在 for 循环中,不能用 break 语句跳出循环体

  D. for 循环的循环体语句中,可以包含多条语句,但必须用花括号括起来

10. 以下程序段中由 while 构成的循环,循环执行的次数为_____。

```
int k=0;
while (k=1)
   k++;
```

  A. 无限次   B. 有语法错,不能执行

  C. 1 次也不执行   D. 执行 1 次

二、填空题

1. 下面程序段是从键盘输入的字符中统计数字的个数,用换行符结束循环,请填空。

```
int n=0,c;
c=getchar();
while( [1] )
{if( [2] )n++;
c=getchar();
}
```

2. 下面的程序功能是求 π 的近似值,$\dfrac{\pi^2}{6}=\dfrac{1}{1^2}+\dfrac{1}{2^2}+\dfrac{1}{3^2}+\cdots+\dfrac{1}{n^2}$,最后一项的值小于 10^{-6} 为止,请填空。

```
#include <stdio.h>
#include <math.h>
main()
{ long i=1;
   __1__ pi=0;
   while(i*i<=10e+6)
   { pi= __2__ ;
     i++;
   }
   pi=sqrt(6.0*pi);
   printf("%10.6lf\n",pi);
}
```

3. 有 1 020 个西瓜,第一天卖一半多两个,以后每天卖剩下的一半多两个,下面的程序是统计卖完后的天数。请填空。

```
#include <stdio.h>
main()
{
int day,x1,x2;
day=0;x1=1020;
while ( [1] )
  { x2= [2] ;
    x1=x2;
    day++;
  }
printf("%d\n",day);
}
```

4. 下面程序的功能是用辗转相除法求两个正整数的最大公约数。请填空。

```
#include <stdio.h>
```

```
main()
{int r,m,n;
scanf("%d%d",&m,&n);
if (m<n){ __[1]__ ;}
r=m%n;
while (r)
   {m=n; n=r; r= __[2]__ ;}
printf("%d\n",n);
}
```

5. 从键盘键入"right?<回车>",则下面程序的运行结果是_____。

```
#include <stdio.h>
main()
{
char c;
while((c=getchar())!='?')
putchar(++c);
}
```

6. 下面程序的运行结果是_____。

```
#include <stdio.h>
main()
{int a,s,n,count;
a=2; s=0; n=1; count=1;
while(count<=7)
  { n=n*a;
    s=s+n;
    ++count;
  }
printf("s=%d",s);
}
```

7. 从键盘键入"china#<回车>",则下面程序的运行结果是_____。

```
#include <stdio.h>
main()
{int v1=0,v2=0;
char ch;
while((ch=getchar())!='#')
switch(ch)
  {
  case 'a':
  case 'h':
  default : v1++;
```

```
        case 'o': v2++;
        }
        printf("%d,%d\n",v1,v2);
    }
```

8. 执行下面程序段后，k 的值是_____。

```
k=1; n=263;
do
{
k*=n%10;
n/=10;
}while(n);
```

9. 下面程序段中循环的执行次数是_____。

```
a=10;
b=0;
do
{
b+=2;
a-=2+b;
}while(a>=0);
```

10. 下面程序段执行结果是_____。

```
x=2;
do
{
printf("*");
x--;
}while(!x==0);
```

11. 下面程序段中执行结果是_____。

```
i=1; a=0; s=1;
do
{
a=a+s*i;
s=-s;
i++;
}while(i<=10);
printf("%d",a);
```

12. 下面程序的执行结果是_____。

```
#include <stdio.h>
main()
{int i,x,y;
```

```
i=x=y=0;
do
{
++i;
if(i%2!=0)
   {x=x+i;
   i++;}
y=y+i++;
}while(i<=7);
printf("x=%d,y=%d\n",x,y);
}
```

13. 下面程序的执行结果是_____。

```
#include <stdio.h>
main()
{int a,b,i;
a=1;b=3;i=1;
do
{
printf("%d,%d,",a,b);
a=(b-a)*2+b;
b=(a-b)*2+a;
if (i++%2==0)
   printf("\n");
}while(b<100);}
```

14. 当运行以下程序时,从键盘输入"-1,0<回车>",则程序的运行结果是_____。

```
#include <stdio.h>
main()
{ int a,b,m,n;
  m=n=1;
  scanf("%d,%d",&a,&b);
  do
  {if(a>0){m=2*n;b++;}
   else {n=m+n;a+=2;b++;}
  }while(a==b);
printf("m=%d,n=%d\n",m,n);
}
```

15. 下面程序的执行结果是_____。

```
#include <stdio.h>
main()
{
```

```
int i;
for(i=1;i<=5;i++)
  switch(i%2)
    {
    case 0: i++;printf("#");break;
    case 1: i+=2;printf("*");
    default: printf("\n");
    }
}
```

习题4 数　　组

一、选择题

1. 若有定义"int a[8];",则对数组元素的正确引用是_____。
   A. a[8]　　　　　B. a[1.2]　　　　　C. a[8-7]　　　　　D. a(1.2)

2. 假定int类型变量占用两个字节,其有定义"int x[10]={0,2,4};",则数组 x 在内存中所占字节数是_____。
   A. 3　　　　　　B. 6　　　　　　　C. 10　　　　　　　D. 20

3. 若有定义"int a[ ][3]={1,2,3,4,5,6,7,8};",则 a[1][2]的值是_____。
   A. 4　　　　　　B. 5　　　　　　　C. 6　　　　　　　D. 7

4. 若定义了一个 4 行 3 列的数组。则第 8 个元素是_____。
   A. a[1][3]　　　B. a[2][3]　　　　C. a[3][ ]　　　　D. a[2][1]

5. 以下程序段的输出结果是_____。

   　　char str[ ]="ab\n\012\\\"";
   　　printf("%d",strlen(str));

   A. 3　　　　　　B. 4　　　　　　　C. 6　　　　　　　D. 12

6. 函数调用:strcat(strcpy(str1,str2),str3)的功能是_____。
   A. 将串 str1 复制到串 str2 中后再连接到串 str3 之后
   B. 将串 str1 连接到串 str2 之后再复制到串 str3 之后
   C. 将串 str2 复制到串 str1 中后再将串 str3 连接到串 str1 之后
   D. 将串 str2 连接到串 str1 之后再将串 str1 复制到串 str3 中

7. 下列描述中不正确的是_____。
   A. 字符型数组中可以存放字符串
   B. 可以对字符型数组进行整体输入、输出
   C. 可以对整型数组进行整体输入、输出
   D. 不能在赋值语句中通过赋值运算符"="对字符型数组进行整体赋值

8. 给出以下定义:_____,则正确的叙述是_____。

   　　char x[ ]="abcdefg";
   　　char y[ ]={'a','b','c','d','e','f','g'};

   A. 数组 x 和数组 y 等价
   B. 数组 x 和数组 y 的长度相同
   C. 数组 x 的长度大于数组 y 的长度
   D. 数组 x 的长度小于数组 y 的长度

9. 合法的数组定义是_____。
   A. int a(10);　　　　　　　　　　　B. int n=10,a[n];
   C. int n;　　　　　　　　　　　　　D. #define M 10;int a[M];

scanf("%d",&n); int a[n];

10. 不能把字符串:Hello!赋给数组 b 的语句是_____。
  A. char b[10]={'H','e','l','l','o','!'};
  B. char b[10];b="Hello!";
  C. char b[10];strcpy(b,"Hello!");
  D. char b[10]="Hello!";

11. 若有以下说明:

   int a[12]={1,2,3,4,5,6,7,8,9,10,11,12};
   char c='a',d,g;

则数值为 4 的表达式是_____。
  A. a[g-c]   B. a[4]   C. a['d'-'c']   D. a['d'-c]

12. 若有定义和语句:

   char s[10]; s="abcd"; printf("%s\n",s);

则结果是(以下 u 代表空格)_____。
  A. 输出 abcd   B. 输出 a
  C. 输出 abcduuuuu   D. 编译不通过

13. 以下对二维数组 a 进行不正确初始化的是_____。
  A. int a[][3]={3,2,1,1,2,3}
  B. int a[][3]={{3,2,1},{1,2,3}};
  C. int a[2][3]={{3,2,1},{1,2,3}};
  D. int a[][]={{3,2,1},{1,2,3}};

14. 下列程序的运行结果是_____。

   #include <stdio.h>
   main()
   {
   int z,y[3]={2,3,4};
   y[y[2]]=10;
   printf("%d",z);
   }

  A. 10   B. 2
  C. 3   D. 运行时出错,得不到值

15. 以下程序的运行结果是_____。

   #include <stdio.h>
   #include <string.h>
   main()
   {
   char st[20]= "hel\0lo\t";
   printf("%d %d \n",strlen(st),sizeof(st));
   }

A. 9 7　　　　　B. 3 20　　　　　C. 13 20　　　　　D. 20 20

16. 以下程序的运行结果是_____。

    ```
    #include <stdio.h>
    main()
    {
    char ch[3][5]={"AAAA","BBB","CC"};
    printf("%s \n",ch[1]);
    }
    ```

    A. AAAA　　　　B. BBB　　　　C. BBBCC　　　　D. CC

17. 若 a 是 n 行 m 列的数组,则元素 a[i][j]是数组的第_____个元素。

    A. i*m+j　　　　B. i*m+j+1　　　　C. i*n+j　　　　D. i*n+j+1

18. 定义如下变量和数组：

    int i;
    int x[3][3]={1,2,3,4,5,6,7,8,9};

则下面语句的输出结果是_____。

    for(i=0;i<3;i++)
    printf("%d",x[i][2-i]);

    A. 1 5 9　　　　B. 1 4 7　　　　C. 3 5 7　　　　D. 3 6 9

19. 以下程序的输出结果是_____。

    ```
    #include <stdio.h>
    main()
    {
    int i,k,a[10],p[3];
    k=5;
    for (i=0;i<10;i++)a[i]=i;
    for (i=0;i<3;i++)p[i]=a[i*(i+1)];
    for (i=0;i<3;i++)k+=p[i]*2;
    printf("%d\n",k);
    }
    ```

    A. 20　　　　　B. 21　　　　　C. 22　　　　　D. 23

20. 以下程序输出的结果是_____。

    ```
    main()
    {
    int k=3,a[2];
    a[0]=k;
    k=a[1]*10;
    printf("%d\n",k);
    }
    ```

A. 33　　　　　　B. 30　　　　　　C. 10　　　　　　D. 不定值

二、填空题

1. 下列函数 fun 的功能是计算数组中 n 个元素的平均值并返回，请填空。

```
float fun(char s[],int n)
{
    int i;
    float avg=  [1]  ;
    for (i=0;i<n;i++)
        avg=avg+  [2]  ;
    avg/=n;
      [3]  ;
}
```

2. 下面程序的作用是将以下给出的字符按其格式读入数组 s 中，然后输出行列号之和为 3 的数组元素，请填空。

```
A   a   f
c   B   d
e   b   C
g   f   D
#include <stdio.h>
main()
{
    static char s[4][3]={'A','a','f','c','B','d','e','b','C','g','f','D'};
    int x,y,z;
    for (x=0;  [1]  ;x++)
        for (y=0;  [2]  ;y++)
        {z=x+y;
            if (  [3]  )
                printf("%c\n",s[x][y]);
        }
}
```

3. 下列函数用于确定一个给定字符串 str 的长度，请填空。

```
int strlen(char str[])
{
    int num=0;
    while(  [1]  )++num;
    return(  [2]  );
}
```

4. 若有定义语句："char s[100],d[100]; int j=0,i=0;"，且 s 中已赋字符串，请填空以实现字符串复制(注：不得使用逗号表达式)。

```
while (s[i])
{
    d[j]=  [1]  ;
    j++;
}
d[j]='\0';
```

5. 若已定义"int a[10],i;",以下 fun 函数的功能是:在第 1 个循环中给前 10 个数组元素依次赋 1、2、3、4、5、6、7、8、9、10;在第 2 个循环中使数组前 10 个元素中的值对称折叠,变成 1、2、3、4、5、5、4、3、2、1。

```
fun(int a[])
{
    int i;
    for (i=1;i<=10;i++)  [1]  =i;
        for(i=0;i<5;i++)  [2]  =a[i];
}
```

6. 下面程序的功能是:将字符数组中下标值为偶数的元素从小到大排列,其他元素不变,请填空。

```
#include <stdio.h>
#include <string.h>
main()
{
    char a[]="clanguage",t;
    int i, j, k;
    k=strlen(a);
    for (i=0;i<=k-2;i+=2)
        for (j=i+2;j<=k;  [1]  )
            if (  [2]  ){t=a[i];a[i]=a[j];a[j]=t;}
    puts(a);
    printf("\n");
}
```

7. 以下程序用来对从键盘上输入的两个字符串进行比较,然后输出两个字符串中第一个不相同字符的 ASCII 码之差。例如,输入的两个字符串分别为 abcdef 和 abceef,则输出为 -1。请填空。

```
#include <stdio.h>
main()
{
    char str1[100],str2[100],c;
    int i,s;
    printf("\n input string 1:\n");    gets(str1);
    printf("\n input string 2:\n");    gets(str2);
```

```
i=0;
while (str1[i]==str2[i] && __[1]__ )
i++;
s= __[2]__ ;
printf("%d\n",s);
}
```

8. 函数 fun 的功能是：使一个字符串按逆序存放，请填空。

```
void fun (char str[])
{
char m;   int i,j;
for(i=0,j=strlen(str);i< __[1]__ ;i++)
{
  m=str[i];
  str[i]= __[2]__ ;
   __[3]__ =m;
}
printf("%s\n",str);
}
```

9. 以下程序可以把从键盘上输入的十进制数（long 型）以二到十六进制形式输出，请填空。

```
#include <stdio.h>
main()
{char b[16]={'0','1','2','3','4','5','6','7','8','9','A','B','C','D','E','F'};
int    c[64],d,i=0,base;
long    n;
printf("enter a number:\n");    scanf("%ld",&n);
printf("enter new base:\n");    scanf("%d",&base);
do
  { c[i]= __[1]__ ;
    i++; n=n/base;
  } while(n!=0);
printf("transmite new base:\n");
for(--i;i>=0;--i)
  { d=c[i];
    printf("%c",b __[2]__ );
  }
}
```

习题5 函　　数

一、选择题

1. 语言程序的基本单位是_____。
   A. 程序　　　　　B. 语句　　　　　C. 字符　　　　　D. 函数
2. 函数的实参不能是_____。
   A. 变量　　　　　B. 常数　　　　　C. 语句　　　　　D. 函数调用表达式
3. 下面函数 f(double x){printf("%6d\n",x);}的类型为_____。
   A. 实型　　　　　B. void 类型　　　C. int 类型　　　D. A,B,C 均不正确
4. 一个 C 语言的程序总是从_____开始执行的。
   A. main 函数　　　　　　　　　　　B. 文件中的第一个函数
   C. 文件中的第一个子函数调用　　　　D. 文件中的第一个语句
5. 在函数调用过程中,如果函数 A 调用了函数 B,函数 B 又调用了函数 A,则_____。
   A. 成为函数的直接递归调用　　　　　B. 成为函数的间接递归调用
   C. 成为函数的循环调用　　　　　　　D. C 语言中不允许这样的递归调用
6. 定义为 void 类型的函数,其含义是_____。
   A. 调用函数后,被调用的函数没有返回值
   B. 调用函数后,被调用的函数不返回
   C. 调用函数后,被调用的函数的返回值为任意的类型
   D. 以上三种说法都是错误的
7. C 语言中,函数返回值的类型是由_____决定的。
   A. 调用函数时临时　　　　　　　　　B. return 语句中的表达式类型
   C. 调用该函数的主调函数类型　　　　D. 定义函数时,所指定的函数类型
8. 函数调用语句"f((x,y),(a,b,c),(1,2,3,4));"中,所含的实参个数是_____。
   A. 1　　　　　　B. 2　　　　　　C. 3　　　　　　D. 4
9. 下面叙述不正确的是_____。
   A. 在函数中,通常用 return 语句传回函数值
   B. 在函数中,可以有多条 return 语句
   C. 在 C 语言中,主函数 main 后的一对圆括号中也可以带有形参
   D. 在 C 语言中,调用函数必须在一条独立的语句中完成
10. 以下函数 f 返回值是_____。

    f(int x){return x;}

    A. void 类型　　　　　　　　　　　B. int 类型
    C. float 类型　　　　　　　　　　　D. 无法确定返回值类型
11. 调用函数时,基本类型变量作函数实参,它和对应的形参_____。
    A. 各自占用独立的存储单元

B. 同名时才共用一个存储单元

C. 共同占用一个存储单元

D. 实参占用存储单元,形参不占用存储单元

12. 在 C 语言中,函数的隐含存储类别是_____。

   A. static   B. auto   C. extern   D. 无存储类别

13. C 语言中规定,简单变量做实参时,它和对应形参之间的数据传递方式是_____。

   A. 地址传递   B. 单向值传递

   C. 由实参传给形参,再由形参传给实参   D. 由用户指定传给实参

14. 下列说法中正确的是_____。

   A. 调用函数时,实参变量与形参变量可以共用内存单元

   B. 调用函数时,实参的个数、类型和顺序与形参可以不一致

   C. 调用函数时,形参可以是表达式

   D. 调用函数时,将为形参分配内存单元

15. 下列关于函数定义的叙述中正确的是_____。

   A. 函数可以嵌套定义,但不可以嵌套调用

   B. 函数不可以嵌套定义,但可以嵌套调用

   C. 函数不可以嵌套定义,也不可以嵌套调用

   D. 函数可以嵌套定义,也可以嵌套调用

16. 若调用函数的实参是一个数组名,则向被调用函数传送的_____。

   A. 数组的长度   B. 数组的首地址

   C. 数组每一个元素的地址   D. 数组每个元素中的值

17. 下面不正确的描述为_____。

   A. 调用函数时,实参可以是表达式

   B. 调用函数时,实参与形参可以共用内存单元

   C. 调用函数时,将为形参分配内存单元

   D. 调用函数时,实参与形参的类型必须一致

18. 函数"fun(x+y,(a,b),fun(n+k,a,x));"调用中,含有_____个形参。

   A. 3   B. 4   C. 5   D. 6

19. 以下错误的描述是_____。

   A. 实参可以是常量、变量或表达式   B. 形参可以是常量、变量或表达式

   C. 实参可以是任意数据类型   D. 形参应与其对应的实参类型一致

20. 以下正确的描述是_____。

   A. 定义函数时,形参的类型声明可以放在函数体内

   B. return 后边的值不能为表达式

   C. 如果函数的值的类型与返回值的类型不一致,以函数值类型为准

   D. 如果形参与实参类型不一致,以实参类型为准

21. 以下正确的说法是_____。

   A. 定义函数时,形参的类型说明可以放在函数体内

   B. return 后边的值不能为表达式

C. 如果函数值的类型与返回值类型不一致,以函数值类型为准

D. 如果形参与实参类型不一致,以实参类型为准

22. 有以下程序

```
#include <stdio.h>
fun(int x,int y,int z)
   { z=x*y;}
main()
{
int a=4,b=2,c=6;
fun(a,b,c);
printf("%d",c);
}
```

程序运行后的输出结果是_____。

A. 16　　　　　　B. 6　　　　　　C. 8　　　　　　D. 12

23. C语言规定,在一个源程序中,main()函数的位置_____。

A. 必须在最开始

B. 必须在系统调用的库函数的后面

C. 可以在任意位置

D. 必须在最后

24. 以下程序的输出结果是_____。

```
#include <stdio.h>
int a,b;
void fun()
{
a=50;
b=105;
return;
}
main()
{
int a=2,b=3;
fun();
printf("%d,%d\n",a,b);
}
```

A. 2,3　　　　　　B. 50,105　　　　　　C. 3,2　　　　　　D. 105,50

25. 以下程序的输出结果是_____。

```
#include <stdio.h>
int func(int a)
{
static int m=1;
```

```
m+=a;
return m;
}
main()
{int k,sum=0;
for (k=5;k>0;k--)
   sum=sum+func(k);
printf("%d\n",sum);
}
```

  A. 45   B. 50   C. 55   D. 60

二、填空题

以下程序的功能是:求 x 的 y 次方,请填空将程序补充完整。

```
#include <stdio.h>
double fun(int x,int y)
{
int i;
double z;
for (i=1,z=x;i<y;i++)
   z=z*  [1]  ;
return z;
}
main()
{int x,y;
scanf("%d%d",&x,&y);
printf("%lf",  [2]  );
}
```

习题6 存储类型和编译预处理

一、选择题

1. 以下关于预处理命令的描述正确的是_____。
   A. 预处理是指完成宏替换和文件包含中指定的文件的调用
   B. 预处理指令也是C语句
   C. 在C源程序中，凡是行首以#标识的控制行都是预处理命令
   D. 预处理就是完成C编译程序对C源程序的第一趟扫描，为编译的词法分析和语法分析做准备

2. 以下关于#include命令行的叙述中正确的是_____。
   A. 在#include命令行中，包含文件的文件名用双引号或用尖括号括起来没有区别
   B. 一个包含文件中不可以再包含其他文件
   C. #include命令只能放在源程序的开始
   D. 在一个源文件中允许有多个#include命令行

3. 以下关于宏替换的说法不正确的是_____。
   A. 宏替换不占用内存时间
   B. 宏替换只是字符替换
   C. 宏名称必须用大写字母表示
   D. 宏名称无类型

4. 在"文件包含"预处理语句的使用形式中，当#include后面的文件名用<>（尖括号）括起来时，寻找被包含文件的方式是_____。
   A. 仅仅搜索当前目录
   B. 仅仅搜索源文件所在目录
   C. 直接按系统设定的标准方式搜索目录
   D. 先在源程序所在目录搜索，再按系统设定的标准方式搜索

5. 在宏定义#include PI 3.1415926中，用宏名PI代替一个_____。
   A. 单精度数　　B. 双精度数　　C. 常量　　　D. 字符串

6. 以下程序的输出结果为_____。
   ```
   #include <stdio.h>
   #include <math.h>
   #define POWER(x,y) pow(x,y)
   #define TWO 2
   #define ADD(y) y++
   main()
   {
   int a=3;
   printf("%f\n",POWER(ADD(a),TWO-1));
   }
   ```

A. 3.000000　　　B. 4.000000　　　C. 6.000000　　　D. 9.000000

7. 以下程序中 for 循环的执行次数是_____。

```
#include <stdio.h>
#define M 2
#define N M+1
#define NUM (N+1)*N/2
main()
{
int i;
for(i=1;i<=NUM;i++)
    printf("%d\n",i);
}
```

A. 5　　　　　　　B. 6　　　　　　　C. 8　　　　　　　D. 9

8. 以下说法中正确的是_____。
   A. "#include"和"printf"都是 C 语句
   B. "#include"是 C 语句,而"printf"不是 C 语句
   C. "printf"是 C 语句,但"#define"不是
   D. "#include"和"printf"都不是 C 语句

9. C 语言中,宏定义有效范围从定义开始处开始,到源文件结束处结束,但提前解除宏定义的作用是_____。
   A. #ifdef　　　　B. #endif　　　　C. #undefine　　　D. #undef

10. 设有以下宏定义：

    #define N 4
    #define Y(n) ((n+1)+1)

则执行语句:"z=2*(N+Y(5+1));"后,z 的值为_____。
    A. 48　　　　　　B. 54　　　　　　C. 60　　　　　　D. 24

11. 以下关于宏替换的叙述不正确的是_____。
    A. 宏替换只是字符替换　　　　　　B. 宏名无类型
    C. 宏替换不占用运行时间　　　　　D. 宏替换不占用编译时间

12. 程序中定义以下宏

    #define S(a,b) a*b

若定义"int area;"且令 area=S(3+1,3+4),则变量 area 的值为_____。
    A. 10　　　　　　B. 12　　　　　　C. 21　　　　　　D. 28

二、填空题

1. C 提供的预处理功能主要有_____、_____、_____三种。
2. C 规定预处理命令必须以_____开头。
3. 以下程序的运行结果是_____。

```
#include "stdio.h"
#define PR(a) printf("%d",(int)(a))
#define PRINT(a) PR(a);putchar('\n')
#define PRINT2(a,b) PR(a);PRINT(b)
#define PRINT3(a,b,c) PR(a);PRINT2(b,c)
#define MAX(a,b) (a<b?b:a)
main()
{
int x=1,y=2;
PRINT3(MAX(x++,y),x,y);
PRINT3(MAX(x++,y),x,y);
}
```

4. 以下程序的运行结果是_____。

```
#include <stdio.h>
#define S(x) x*x
main()
{
int a,k=3;
a=++S(k+1);
printf("%d\n",a);
}
```

习题 7 指　　针

一、选择题

1. 有如下程序段:"int *p,a=10,b=1; p=&a; a=*p+b;",执行该程序段后,a 的值_____。
    A. 12   B. 11   C. 10   D. 编译出错

2. 若有定义"int a[]={0,1,2,3,4,5,6,7,8,9}, *p=a,i;",其中 0≤i≤9,a 数组元素不正确的引用是_____。
    A. a[p-a]   B. *(&a[i])   C. p[i]   D. a[10]

3. 若有说明:"int i,j=7, *p=&i;",则与"i=j;"等价的语句是_____。
    A. i=*p;   B. *p=*&j;   C. i=&j;   D. i=**p;

4. 下列程序的运行结果是_____。
```
#include <stdio.h>
main()
{
char *s="hello";
s++;
printf("%d",s);
}
```
    A. 字符"h"   B. 字符"i"   C. 字符"e"   D. 字符"e"的地址

5. 下列程序的运行结果是_____。
```
#include <stdio.h>
main()
{
char *s="delo";
s++;
printf("%d",*s);
}
```
    A. d   B. elo   C. e   D. 101

6. 有以下程序:
```
#include <stdio.h>
main()
{
char *s[]={"one","two","three"},*p;
p=s[1];
printf("%c,%s\n",*(p+1),s[0]);
}
```

执行后的输出结果是_____。

  A. n,two   B. t,one   C. w,one   D. o,two

7. 调用函数时,实参是一个数组名,则传递给函数的是_____。

  A. 数组的第一个元素   B. 数组的第一个元素的地址

  C. 数组的所有元素   D. 数组的所有元素的地址

8. 若有定义及赋值"int y,*p,**pp; p=&y; pp=p; *pp=4;",则不能表达变量 y 地址的表达式是_____。

  A. *p   B. &y   C. p   D. *pp

9. 下面能正确进行字符串赋值操作的语句是_____。

  A. char s[5]={"ABCDE"};   B. char s[5]={'a','b','c','d','e'};

  C. char *s;s="ABCDEF";   D. char *s; scanf("%s",s);

10. 若有以下定义和语句:

  double r=99,*p=&r;

  *p=r;

则以下正确的叙述是_____。

  A. 以下两处的 *p 含义相同,都说明给指针变量 p 赋值

  B. 在"double r=99,*p=&r;"中,把 r 的地址赋值给了 p 所指的存储单元

  C. 语句"*p=r;"把变量 r 的值赋给指针变量 p

  D. 语句"*p=r;"取变量 r 的值放回 r 中

11. 设有如下定义:

  int arr[]={6,7,8,9,10};

  int *ptr;

则下列程序段的输出结果是_____。

  ptr=arr;

  *(ptr+2)+=2;

  printf("%d,%d\n",*ptr,*(ptr+2));

  A. 8,10   B. 6,8   C. 7,9   D. 6,10

12. 以下程序运行后,输出结果是_____。

```
#include <stdio.h>
main()
{
char *s="abcde";
s+=2;
printf("%ld\n",s);
}
```

  A. cde   B. 字符 c 的 ASCLL 码值

  C. 字符 c 的地址   D. 出错

13. 以下程序运行后,如果从键盘上输入 ABCDE<回车>,则输出结果是_____。

```
#include <stdio.h>
int func(char str[])
{
int num=0;
while(*(str+num)!='\0')num++;
return(num);
}
main()
{
char str[10],*p=str;
gets(p);
printf("%d\n",func(p));
}
```

A. 8　　　　　　B. 7　　　　　　C. 6　　　　　　D. 5

14. 以下程序运行后,输出结果是_____。

```
#include <stdio.h>
main()
{
static char a[]="ABCDEFGH",b[]="abCDefFh";
char *p1,*p2;
int k;
p1=a;p2=b;
for(k=0;k<=7;k++)
if(*(p1+k)==*(p2+k))printf("%c",*(p1+k));
printf("\n");
}
```

A. ABCDEFG　　B. CD　　　　C. abcdefgh　　D. abCDefGh

15. 以下程序运行后,输出结果是_____。

```
#include <stdio.h>
main()
{
char ch[2][5]={"693","825"},*p[2];
int i,j,s=0;
for(i=0;i<2;i++)p[i]=ch[i];
for(i=0;i<2;i++)
    for(j=0;p[i][j]>='0'&&p[i][j]<='9';j+=2)
        s=10*s+p[i][j]-'0';
printf("%d\n",s);
}
```

A. 6385　　　　B. 22　　　　　C. 33　　　　　D. 693825

16. 执行以下程序段后,m 的值是_____。

    int a[2][3]={ {1,2,3},{4,5,6} };
    int m,*p;
    p=&a[0][0];
    m=(*p)*(*(p+2))*(*(p+4));

    A. 15　　　　　B. 14　　　　　C. 13　　　　　D. 12

17. 有以下程序段:

    char arr[]="ABCDE";
    char *ptr;
    for(ptr=arr;ptr<arr+5;ptr++)printf("%s\n",ptr);

执行后的输出结果是_____。

    A. ABCD　　　　B. A　　　　　C. E　　　　　D. ABCDE
                    B   D   BCDE
                    C   C   CDE
                    D   B   DE
                    E   A   E

18. 以下程序的输出结果是_____。

    ＃include <stdio.h>
    main()
    {
    int i,x[3][3]={9,8,7,6,5,4,3,2,1},*p=&x[1][1];
    for(i=0;i<4;i+=2)
        printf("%d ",p[i]);
    }

    A. 5　2　　　　B. 5　1　　　　C. 5　3　　　　D. 9　7

19. 以下程序的输出结果是_____。

    ＃include <stdio.h>
    main()
    {
    char a[10]={'1','2','3','4','5','6','7','8','9',0},*p;
    int i;
    i=8;
    p=a+i;
    printf("%s\n",p-3);
    }

    A. 6　　　　　B. 6789　　　　C. '6'　　　　　D. 789

20. 以下程序的运行结果是_____。

    ＃include <stdio.h>
    main()

```
{
    int a[ ]={1,2,3,4,5,6,7,8,9,10,11,12};
    int *p=a+5,*q=a;
    *q=*(p+5);
    printf("%d %d \n",*p,*q);
}
```

  A. 运行后报错   B. 6 6   C. 6 11   D. 5 5

21. 若已定义："int a[9],*p=a;"，并在以后的语句中未改变 p 的值，不能表示 a[1]地址的表达式是_____。

  A. p+1   B. a+1   C. a++   D. ++p

22. 设有如下函数定义：

```
int f(char *s)
{
    char *p=s;
    while(*p!='\0')p++;
    return(p-s);
}
```

如果在主程序中用下面的语句调用上述函数，则输出结果是_____。

  printf("%d\n",f("goodbey!"));

  A. 3   B. 6   C. 8   D. 0

23. 设有如下定义：

  char *aa[2]={"abcd","ABCD"};

则以下说法中正确的是_____。

  A. aa 数组元素的值分别是"abcd"和"ABCD"

  B. aa 是指针变量，它指向含有两个数组元素的字符型一维数组

  C. aa 数组的两个元素分别存放的是含有 4 个字符的一维字符数组的首地址

  D. aa 数组的两个元素中各自存放了字符'a'和'A'的地址

24. 下列程序的输出结果是_____。

```
#include <stdio.h>
#include <string.h>
main( )
{
    char a1[]="abcd",a2[]="ABCD",*p1=a1,*p2=a2,str[50]="xyz";
    strcpy(str+2,strcat(p1+2,p2+1));
    printf("%s",str);
}
```

  A. xyabcAB   B. abcABz   C. Ababcz   D. xycdBCD

25. 下列程序的输出结果是_____。

```
#include <stdio.h>
main()
{
int a[5]={2,4,6,8,10},*p,**k;
p=a;
k=&p;
printf("%d ",*(p++));
printf("%d\n",**k);
}
```

  A. 4　4　　　　　B. 2　2　　　　　C. 2　4　　　　　D. 4　6

26. 执行以下程序后,y 的值是_____。

```
#include <stdio.h>
main()
{
int a[]={2,4,6,8,10};
int y=1,x,*p;
p=&a[1];
for(x=0;x<3;x++)
    y+=*(p+x);
printf("%d\n",y);
}
```

  A. 17　　　　　　B. 18　　　　　　C. 19　　　　　　D. 20

27. 下列程序的输出结果是_____。

```
#include <stdio.h>
main()
{ int a[10]={ 1,2,3,4,5,6,7,8,9,10},*p=a;
printf("%d\n",*(p+2));
}
```

  A. 3　　　　　　　B. 4　　　　　　　C. 1　　　　　　　D. 2

28. 下面程序把数组元素中的最大值放入 a[0]中,则在 if 语句中的条件表达式应该是_____。

```
#include <stdio.h>
main()
{
int a[10]={6,7,2,9,1,10,5,8,4,3},*p=a,i;
for (i=0;i<10;i++,p++)
    if (_____) *a= *p;
printf("%d",*a);
}
```

  A. p>a　　　　　　B. *p>a[0]　　　　C. *p>*a[0]　　　　D. *p[0]>*a[0]

29. 以下程序的输出结果是_____。

```
#include <stdio.h>
main()
{
char ch[3][4]={"123","456","78"}, *p[3];
int i;
for (i=0;i<3;i++)
   p[i]=ch[i];
for(i=0;i<3;i++)
   printf("%s",p[i]);
}
```

A. 123456780   B. 123 456 780
C. 12345678   D. 147

30. 以下程序运行后输出结果是_____。

```
#include <stdio.h>
void fun(int x, int y, int *cp, int *dp)
{ *cp=x+y;
  *dp=x-y; }
main()
{
int a,b,c,d;
a=30; b=50;
fun(a,b,&c,&d);
printf("%d,%d\n",c,d);
}
```

A. 50,30   B. 30,50   C. 80,−20   D. 80,20

31. 以下程序的输出结果是_____。

```
#include <stdio.h>
main()
{
char *s="12134211";
int v[4]={0,0,0,0},k,i;
for(k=0; s[k] ; k++)
   { switch(s[k])
      { case '1': i=0;
        case '2': i=1;
        case '3': i=2;
        case '4': i=3;
      }
      v[i]++ ;
   }
```

144

```
        for(k=0;k<4;k++) printf("%d",v[k]);
    }
```

  A. 4 2 1 1   B. 0 0 0 8   C. 4 6 7 8   D. 8 8 8 8

32. 以下程序的输出结果是_____。

```
#include <stdio.h>
#include <string.h>
main()
{
    char *p1,*p2,str[50]="ABCDEFG";
    p1="abcd";
    p2="efgh";
    strcpy(str+1,p2+1);
    strcpy(str+3,p1+3);
    printf("%s",str);
}
```

  A. AfghdEFG B. Abfhd   C. Afghd   D. Afgd

33. 若有定义和语句：

```
int **pp,*p,a=10,b=20;
pp=&p;p=&a;p=&b;
printf("%d,%d\n",*p,**pp);
```

则输出结果是_____。

  A. 10,20   B. 10,10   C. 20,10   D. 20,20

34. 若有以下定义：

```
char s[20]="programming",*ps=s;
```

则不能代表字符"o"的表达式是_____。

  A. ps+2   B. s[2]   C. ps[2]   D. ps+=2,*ps

35. 若有以下定义和语句：

```
char a1[]="12345",a2[]=="1234",*s1=a1,*s2=a2;
printf("%d\n",strlen(strcpy(s1,s2)));
```

则输出结果是_____。

  A. 4   B. 5   C. 9   D. 10

36. 若有以下定义和语句：

```
int a[10]={1,2,3,4,5,6,7,8,9,10},*p=a;
```

则不能表示 a 数组元素的表达式是_____。

  A. *p   B. a[10]   C. *a   D. a[p-a]

37. 若有以下的定义：

```
int a[]={1,2,3,4,5,6,7,8,9,10},*p=a;
```

则值为 3 的表达式是_____。

  A. p+=2，*(p++)　　　　　　B. p+=2，*++p

  C. p+=3，*p++　　　　　　　D. p+=2，++*p

二、填空题

1. fun 函数的功能是计算 s 所指字符串的长度，并作为函数值返回。

```
int fun(char *s)
{
int i;
for (i=0; __[1]__ != '\0';i++);
return ( __[2]__ );
}
```

2. 以下函数用于求两个整数之和，并通过形参将结果传回。

```
void func(int x, int y,_____)
{
*z=x+y;
}
```

3. 若有以下定义，则不移动指针 p，且通过指针 p 引用值为 98 的数组元素的表达式是_____。

  int s[10]={32,45,10,33,74,98,27,88,16}, *p; p=s;

4. 以下程序用于比较两个字符串 s 和 t 的大小。若 s<t，函数返回负数；若 s=t，函数返回 0；若 s>t，函数返回正数。

```
int strcmp1(char *s, char *t)
{
while (*s && *t && __[1]__ )
  { s++;
    t++;
  }
return __[2]__ ;
}
```

5. 以下函数返回 a 所指数组中最小值所在的下标值。

```
int fun(int *a, int n)
{
int i,j=0,p;
p=j;
for(i=j;i<n;i++)
if (a[i]<a[p])_____;
return(p);
}
```

6. 以下函数的功能是删除字符串 s 中的所有数字字符。

```
void fun(char *s)
{
int n=0,i;
for (i=0;s[i]!='\0';i++)
   if ( [1] )
      s[n++]=s[i];
s[n]= [2] ;
}
```

7. 以下函数把 b 字符串连接到 a 字符串的后面,并返回 a 中新字符串的长度。

```
int fun(char a[],char b[])
{
int num=0,n=0;
while (*(a+num)!= [1] ) num++;
while (b[n])
{
   *(a+num)=b[n];
   num++;
   [2] ;
}
return num;
}
```

8. 下列程序的功能是找出字符串中的最小字符。

```
char fun(char *s)
{
char *p=s++, *q=s++;
char min=*s;
while ( [1] )
{
if (min>*p) min= [2] ;
p++;
}
return min;
}
main()
{
char s1[100];
scanf("%s",s1);
printf("%c\n",fun(s1));
}
```

习题 8　结构体与共用体

一、选择题

1. 设有如下定义：

   struct sk
   {
   int a;
   float b;
   } data;
   int * p;

   若要使 p 指向 data 中的 a 域，正确的赋值语句是_____。
   A. p=&a;　　　　B. p=data.a;　　　　C. p=&data.a;　　　　D. *p=data.a;

2. 以下程序的输出是_____。

   ```
   #include <stdio.h>
   struct st
   {
   int x;
   int * y;
   } * p;
   int dt[4]={10,20,30,40};
   struct st aa[4]={50,&dt[0],60,&dt[0],60,&dt[0],60,&dt[0]};
   main()
   { p=aa;
       printf("%d\n",++(p->x));
   }
   ```

   A. 10　　　　B. 11　　　　C. 51　　　　D. 60

3. 下面程序的输出结果是_____。

   ```
   #include <stdio.h>
   struct st
   {
   int x;
   int * y;
   } * p;
   int dt[4]={10,20,30,40};
   struct st aa[4]={50,&dt[0],60,&dt[1],70,&dt[2],80,&dt[3]};
   main()
   {
   ```

```
    p=aa;
    printf("%d\n",++p->x);
    printf("%d\n",(++p)->x);
    printf("%d\n",++(*p->y));
}
```

  A. 10   B. 50   C. 51   D. 60
    20   60   60   70
    20   21   21   31

4. 以下程序的输出结果是_____。

```
#include <stdio.h>
union myun
{ struct
    { int x,y,z;}u;
    int k;
} a;
main()
{
    a.u.x=4;a.u.y=5;a.u.z=6;
    a.k=0;
    printf("%d\n",a.u.x);}
```

  A. 4   B. 5   C. 6   D. 0

5. 在16位机上使用C语言,若有如下定义：

```
struct data
{
    int i;
    char ch;
    double f;
} b;
```

则结构变量 b 占用内存的字节数是_____。

  A. 1   B. 2   C. 7   D. 11

6. 设有以下说明语句

```
struct stu
{
    int a;
    float b;
} stutype;
```

则下面的叙述不正确的是_____。

  A. struct 是结构体类型的关键字
  B. struct stu 是用户定义的结构体类型

C. stutype 是用户定义的结构体类型名

D. a 和 b 都是结构体成员名

7. 以下对结构体类型变量的定义中,不正确的是_____。

A. typedef struct aa
　　{ int n;
　　　float m;
　　} AA;
　　　AA tdl;

B. #define AA struct aa
　　AA{ int n;
　　　float m;
　　} tdl;

C. struct
　　{ int n;
　　　float m;
　　} aa;
　　struct aa tdl;

D. struct
　　{ int n;
　　　float m;
　　} tdl;

8. 当说明一个结构体变量时系统分配给它的内存是_____。

A. 各成员所需内存量的总和

B. 结构中第一个成员所需内存量

C. 成员中占内存量最大者所需的容量

D. 结构中最后一个成员所需内存量

9. 阅读程序段,则执行后的输出结果为_____。

```
#include <stdio.h>
typedef union{ long x[2];
              int y[4];
              char z[8];
            } atx;
typedef struct aa { long x[2];
                    int y[4];
                    char z[8];
                  } stx;
main()
{printf("union=%d,struct aa=%d\n",sizeof(atx),sizeof(stx));}
```

A. union=8,struct aa=8　　　　B. union=8,struct aa=24

C. union=24,struct aa=8　　　 D. union=16,struct aa=32

10. 以下程序的执行结果是_____。

```
#include <stdio.h>
union un
{ int i;
  char c[2];
}x;
main()
```

```
        {
           x.c[0]=10;
           x.c[1]=1;
           printf("%d",x.i);
        }
```

A. 266　　　　　　B. 11　　　　　　C. 265　　　　　　D. 138

11. 阅读下列程序段：

```
        #include <stdio.h>
        typedef struct aa
        { int a;
           struct aa * next;
        }M;
        void set(M * k,int i,int * b)
        { int j,d=0;
           for(j=1;j<i;j++)
           { k[j-1].next=&k[j];
              k[j-1].a=b[d++];
           }
           k[j].a=b[d];
        }
        main()
        { M k[5], * p;
           int d[5]={23,34,45,56,67};
           set(k,5,d);
           p=k+1;
           printf("%d\n",_____);}
```

要输出 45,则在划线处应填入的选项是_____。

　　A. p->next->a　　B. ++p->a　　　C. (*p).a++　　D. p++->a

12. 若有下面的说明和定义：

```
        struct test
        { int m1; char m2; float m3;
           union uu {char u1[5]; int u2[2];} ua;
        } myaa;
```

则 sizeof(struct test) 的值是_____。

　　A. 12　　　　　　B. 16　　　　　　C. 14　　　　　　D. 9

13. 若有以下结构体,则正确的定义或引用的是_____。

```
        struct Test
        {int x;
           int y;
        } v1;
```

A. Test. x=10; B. Test v2;v2. x=10;
C. struct v2;v2. x=10; D. struct Test v2={10};

14. 已知学生记录描述为：

    struct student
    { int no;
    char name[20],sex;
    struct
    { int year,month,day;
    } birth;
    };
    struct student s;

设变量 s 中的"生日"是"1984 年 11 月 12 日"，对"birth"正确赋值的程序段是_____。
   A. year=1984;month=11;day=12;
   B. s. year=1984;s. month=11;s. day=12;
   C. birth. year=1984;birth. month=11;birth. day=12;
   D. s. birth. year=1984;s. birth. month=11;s. birth. day=12;

15. 下列程序的输出结果是_____。

    struct abc
    { int a, b, c, s;};
    main()
    {
    struct abc s[2]={{1,2,3},{4,5,6}};
    int t;
    t=s[0]. a+s[1]. b;
    printf("%d\n",t);}

    A. 5   B. 6   C. 7   D. 8

16. 有下列结构体说明和变量定义，如图所示，指针 p、q、r 分别指向此链表中的三个连续节点。

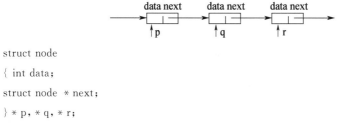

    struct node
    { int data;
    struct node * next;
    } * p, * q, * r;

现要将 q 所指节点从链表中删除，同时要保持链表的连续，下列不能完成指定操作的语句是_____。
   A. p->next=q->next; B. p-next=p->next->next;
   C. p->next=r; D. p=q->next;

17. 有下列程序段：

   typedef struct NODE
   { int num;struct NODE *next;
   } OLD;

下列叙述中正确的是_____。

   A. 以上的说明形式非法　　　　　　B. NODE 是一个结构体类型
   C. OLD 是一个结构体类型　　　　　D. OLD 是一个结构体变量

18. 有下列程序：

   struct STU
   { int num;
   float TotalScore;
   };
   void f(struct STU p)
   { struct STU s[2]={{20044,550},{20045,537}};
   p.num=s[1].num; p.TotalScore=s[1].TotalScore;
   }
   #include <stdio.h>
   #include <string.h>
   main( )
   { struct STU s[2]={{20041,703},{20042,580}};
   f(s[0]);
   printf("%d %3.0f\n",s[0].num,s[0].TotalScore);
   }

程序运行后的输出结果是_____。

   A. 20045 537　　　B. 20044 550　　　C. 20042 580　　　D. 20041 703

19. 有下列程序：

   #include <string.h>
   struct STU
   { char name[10];
   int num;
   };
   void f(char *name,int num)
   { struct STU s[2]={{"SunDan",20044},{"Penghua",20045}};
   num=s[0].num;
   strcpy(name,s[0].name);
   }
   #include "stdio.h"
   main( )
   { struct STU s[2]={{"YangSan",2004},{"LiSiGuo",20042}},*p;
   p=&s[1]; f(p->name,p->num);

printf("%s %d\n", p->name,p->num);
}

程序运行后的输出结果是_____。

A. SunDan 20042
B. SunDan 20044
C. LiSiGuo 20042
D. YangSan 20041

20. 有下列程序：

```
struct STU
{ char name[10]; int num; float TotalScore; };
void f(struct STU *p)
{ struct STU s[2]={{"SunDan",20044,550},{"Penghua",20045,537}},
   *q=s;++p; ++q; *p=*q;
}
#include <stdio.h>
#include <string.h>
main( )
{ struct STU s[3]={{"YangSan",20041,703},{"LiSiGuo",20042,580}};
  f(s);
  printf("%s %d %3.0f\n",s[1].name,s[1].num,s[1].TotalScore);
}
```

程序运行后的输出结果是_____。

A. SunDan 20044 550
B. Penghua 20045 537
C. LiSiGuo 20042 580
D. SunDan 20041 703

习题9 文 件

一、选择题

1. 已知函数的调用形式:fread(buf,size,count,fp),参数 buf 的含义是_____。
   A. 一个整型变量,代表要读入的数据项总数
   B. 一个文件指针,指向要读的文件
   C. 一个指针,指向要读入数据的存放地址
   D. 一个存储区,存放要读的数据项

2. 标准库函数 fgets(buf,n,fp)的功能是_____。
   A. 从 fp 所指向的文件中读取长度为 n 的字符串存入缓冲区 buf
   B. 从 fp 所指向的文件中读取长度不超过 $n-1$ 的字符串存入缓冲区 buf
   C. 从 fp 所指向的文件中读取 n 个字符串存入缓冲区 buf
   D. 从 fp 所指向的文件中读取长度为 $n-1$ 的字符串存入缓冲区 buf

3. 以下程序完成的功能是_____。

```
#include <stdio.h>
main()
{
FILE *in,*out;
char ch,infile[10],outfile[10];
printf("Enter the infile name:");
scanf("%s",infile);
printf("Enter the outfile name:");
scanf("%s",outfile);
if((in=fopen(infile,"r"))==NULL)
{
printf("cannot open infile\n");
exit(0);}
if((out=fopen(outfile,"w"))==NULL)
{
printf("cannot open outfile\n");
exit(0);}
while(!feof(in))fputc(fgetc(in),out);
fclose(in);
fclose(out);}
```

   A. 程序完成将磁盘文件的信息在屏幕上显示的功能
   B. 程序完成将两个磁盘文件合二为一的功能
   C. 程序完成将一个磁盘文件复制到另一个磁盘文件中
   D. 程序完成将两个磁盘文件合并并在屏幕上输出

4. 有以下程序运行后的输出结果是_____。

```
#include <stdio.h>
main()
{
FILE *fp;int i=20,j=30,k,n;
fp=fopen("d1.dat","w");
fprintf(fp,"%d\n",i);fprintf(fp,"%d\n",j);
fclose(fp);
fp=fopen("d1.dat","r");
fscanf(fp,"%d%d",&k,&n);
printf(" %d%d\n",k,n);
fclose(fp);
}
```

A. 20 30   B. 20 50   C. 30 50   D. 30 20

5. 阅读下面程序,程序实现的功能是(a123.txt 在当前盘符下已经存在)_____。

```
#include <stdio.h>
#include <string.h>
void main()
{
FILE *fp;
int a[10],*p=a;
fp=fopen("a123.txt","w");
while(strlen(gets(p))>0)
{ fputs(a,fp);
    fputs("\n",fp);
}
fclose(fp);
}
```

A. 从键盘输入若干行字符,按行号倒序写入文本文件 a123.txt 中

B. 从键盘输入若干行字符,取前 2 行写入文本文件 a123.txt 中

C. 从键盘输入若干行字符,第一行写入文本文件 a123.txt 中

D. 从键盘输入若干行字符,依次写入文本文件 a123.txt 中

6. 下面的程序执行后,文件 test 中的内容是_____。

```
#include <stdio.h>
#include <string.h>
void fun(char *fname,char *st)
{
FILE *myf;int i;
myf=fopen(fname,"w");
for(i=0;i<strlen(st);i++)
```

　　　　fputc(st[i],myf);
　　　fclose(myf);
　　}
　　main()
　　{
　　fun("test","new world");
　　fun("test","hello,");
　　}

　　A. hello,　　　　　B. new worldhello,　　C. new world　　　D. hello,rld

7. 阅读下面程序,此程序的功能为_____。

　　＃include ＜stdio.h＞
　　＃include ＜string.h＞
　　main(int argc,char * argv[])
　　{ FILE * p1, * p2;
　　　int c;
　　　p1=fopen(argv[1],"r");
　　　p2=fopen(argv[2],"a");
　　　c=fseek(p2,0L,2);
　　　while ((c=fgetc(p1))!=EOF)fputc(c,p2);
　　　fclose(p1);
　　　fclose(p2);
　　}

　　A. 实现将 p1 打开的文件中的内容复制到 p2 打开的文件
　　B. 实现将 p2 打开的文件中的内容复制到 p1 打开的文件
　　C. 实现将 p1 打开的文件中的内容追加到 p2 打开的文件内容之后
　　D. 实现将 p2 打开的文件中的内容追加到 p1 打开的文件内容之后

8. fseek 函数的正确调用形式是_____。

　　A. fseek(文件指针,起始点,位移量)　　　B. fseek(文件指针,位移量,起始点)
　　C. fseek(位移量,起始点,文件指针)　　　D. fseek(起始点,位移量,文件指针)

9. 若 fp 是指向某文件的指针,且已读到文件末尾,则函数 feof(fp)的返回值是_____。

　　A. EOF　　　　　B. －1　　　　　C. 1　　　　　D. NULL

10. 函数 fseek(pf,0L,SEEK_END)中的 SEEK_END 代表的起始点是_____。

　　A. 文件开始　　　　　　　　　　　B. 文件末尾
　　C. 文件当前位置　　　　　　　　　D. 以上都不对

11. 有下列程序:

　　＃include ＜stdio.h＞
　　main( )
　　{ FILE * fp; int i,k,n;
　　fp=fopen("data.dat","w+");
　　for(i=1;i<6;i++)

```
{fprintf(fp,"%d ",i);
if(i%3==0)fprintf(fp,"\n");
}
rewind(fp);
fscanf(fp,"%d%d",&k,&n); printf("%d%d\n",k,n);
fclose(fp);
}
```

程序运行后的输出结果是_____。

A. 0 0   B. 123 45   C. 1 4   D. 1 2

12. 下列与函数 fseek(fp,0L,SEEK_SET)有相同作用的是_____。

A. feof(fp)   B. ftell(fp)   C. fgetc(fp)   D. rewind(fp)

13. 有下列程序：

```
#include <stdio.h>
void WriteStr(char *fn,char *str)
{ FILE *fp;
fp=fopen(fn,"w");
fputs(str,fp);
fclose(fp);
}
main( )
{
  WriteStr("t1.dat","start");
  WriteStr("t1.dat","end");
}
```

程序运行后，文件 t1.dat 中的内容是_____。

A. start   B. end   C. startend   D. endrt

14. 下列叙述中错误的是_____。

A. 在 C 语言中,对二进制文件的访问速度比文本文件快

B. 在 C 语言中,随机文件以二进制代码形式存储数据

C. 语句"FILE fp;"定义了一个名为 fp 的文件指针

D. C 语言中的文本文件以 ASCⅡ码形式存储数据

15. 有下列程序：

```
#include <stdio.h>
main( )
{ FILE *fp; int i,k,n;
fp=fopen("data1.dat","w+");
for(i=1;i<=10;i++)
{
fprintf(fp,"%d ",i);
if(i%5==0)fprintf(fp,"\n");
```

            }
            rewind(fp);
            fscanf(fp,"%d%d",&k,&n);
            printf("%d%d\n",k,n);
            fclose(fp);
        }

程序运行后的输出结果是_____。

  A. 0 0   B. 123 45   C. 1 4   D. 1 2

二、填空题

1. 下面程序把从终端读入的文本(用@作为文本结束标志)输出到一个名为 bi.dat 的新文件中,请填空。

```
#include <stdio.h>
#include <stdlib.h>
main()
{
    FILE *fp;
    char ch;
    if ((fp=fopen( [1] ))==NULL)exit(0);
    while ((ch=getchar())!='@')fputc(ch,fp);
    fclose(fp);
}
```

2. 设有以下结构体类型：

```
struct st
{ char name[8];
  int num;
  float s[4];
}student[50];
```

并且结构体数组 student 中的元素都已有值,若要将这些元素写到硬盘文件 fp 中,请将以下 fwrite 语句补充完整：

  fwrite(student, [1] ,1,fp);

3. 以下程序将数组 a 的 4 个元素和数组 b 的 6 个元素写到名为 lett.dat 的二进制文件中,请填空。

```
#include <stdio.h>
main()
{
    FILE *fp;
    char a[4]="1234",b[6]="abcedf";
    if ((fp=fopen(" [1] "," wb"))==NULL)exit(0);
    fwrite(a,sizeof(char),4,fp);
    fwrite(b, [2] ,1,fp);
    fclose(fp);}
```

4. 阅读以下程序及对程序功能的描述，其中正确的描述是以下程序段打开文件后，先利用 fseek 函数将文件位置指针定位在文件末尾，然后调用 ftell 函数返回当前文件位置指针的具体位置，从而确定文件长度，请填空。

```
FILE *myf;long f1;
myf= __[1]__ ("test.t","rb");
fseek(myf,0,SEEK_END);
f1=ftell(myf);
fclose(myf);
printf("%d\n",f1);
```

5. 下面的程序用来统计文件中字符的个数，请填空。

```
#include <stdio.h>
main()
{
FILE *fp;
long num=0;
if((fp=fopen("fname.dat","r"))==NULL)
{ printf("Cant't open file!\n");exit(0);}
while( __[1]__ )
  {
   fgetc(fp);
   num++;
  }
printf("num=%ld\n",num);
fclose(fp);
}
```

6. 程序通过定义学生结构体变量，存储了学生的学号、姓名和 3 门课的成绩。所有学生数据均以二进制方式输出到文件中。函数 fun 的功能是从形参 filename 所指的文件中读入学生数据，并按照学号从小到大排序后，再用二进制方式把排序后的学生数据输出到 filename 所指的文件中，覆盖原来的文件内容。

请在程序的下划线处填入正确的内容并把下划线删除，使程序得出正确的结果。

```
#include <stdio.h>
#define  N  5
typedef struct student
{ long sno;
  char name[10];
  float score[3];
}STU;
void fun(char *filename)
{
  FILE *fp; int i,j;
  STU s[N],t;
```

/**********found**********/
    fp=fopen(filename, ___[1]___);
    fread(s,sizeof(STU),N,fp);
    fclose(fp);
    for(i=0;i<N-1;i++)
        for(j=i+1;j<N;j++)
/**********found**********/
        ___[2]___
            {t=s[i];s[i]=s[j];s[j]=t;}
    fp=fopen(filename,"wb");
/**********found**********/
    ___[3]___(s,sizeof(STU),N,fp);
    fclose(fp);
}
main()
{
    STU t[N]={{10005,"ZhangSan",95,80,88},{10003,"LiSi",85,70,78},{10002,"CaoKai",75,60,88},
{10004,"FangFang",90,82,87},{10001,"MaChao",91,92,77}},ss[N];
    int i,j;
    FILE *fp;
    fp=fopen("student.dat","wb");
    fwrite(t,sizeof(STU),5,fp);
    fclose(fp);
    printf("The original data :\n\n");
    for(j=0;j<N;j++)
    {
        printf("No:%ld Name:%-8sScores: ", t[j].sno, t[j].name);
        for(i=0;i<3;i++)
            printf("%6.2f ",t[j].score[i]);
        printf("\n");
    }
    fun("student.dat");
    printf("The data after sorting:\n");
    fp=fopen("student.dat","rb");
    fread(ss,sizeof(STU),5,fp);
    fclose(fp);
    for(j=0;j<N;j++)
    {
        printf("No:%ld Name:%-8sScores: ", ss[j].sno, ss[j].name);
        for(i=0;i<3;i++)
            printf("%6.2f ",ss[j].score[i]);
        printf("\n");
    }
}

第四部分　测试和习题参考解答

第四部分 测试和习题参考解答

测 试 1

1. (1) g=x[i]%10
   (2) y[n++]=x[i]
2. float fun(int k)
   return s;
3. void fun(int a[], int b[], int c[], int n)
   {
     int i;
     for (i=0;i<n;i++)
     c[i]=a[i]+b[n−1−i];
   }

测 试 2

1. (1) s[i]>='0' && s[i]<='9'
   (2) s[i]−'0'
   (3) n
2. void fun(long s,long * t)
   while(s>0)
3. int fun(int score[],int m,int below[])
   {
     int i,k=0;
     float ave,s=0;;
     for (i=0;i<m;i++)
       s=s+score[i];
     ave=s/m;
     printf("aver=%f\n",ave);
     for (i=0;i<m;i++)
       if (score[i]<ave)
         below[k++]=score[i];
     return k;
   }

测 试 3

1. (1) * p

163

(2) i++

(3) '\0'

2. for (i=0, j=0; i<sl; i+=2)

　　t[j] = '\0';

3. void fun(int x, int pp[], int *n)

　{

　int i,j=0,k=0;

　for (i=1;i<x;i++)

　　if (x%i==0)

　　　pp[j++]=i;

　for (i=0;i<j;i++)

　　if (pp[i]%2==1)

　　　pp[k++]=pp[i];

　*n=k;

　}

测 试 4

1. (1) *p==ch

　(2) bb[n++]=i

　(3) n

2. for (i=sl, j=0; i>=0; i-=2)

　　t[2*j] = '\0';

3. void fun(STREC a[ ])

　{

　　STREC h;

　　int i,j;

　　for (i=0;i<N;i++)

　　　for (j=i+1;j<N;j++)

　　　　if (a[i].s<=a[j].s)

　　　　　{

　　　　　　h=a[i];
　　　　　　a[i]=a[j];
　　　　　　a[j]=h;
　　　　　}

　}

测 试 5

1. (1)"out.dat","w"
   (2)fputc(ch,fp)
   (3)fclose(fp)
2. *u='\0';
   for (i=0;i<ul/2;i++)
3. void fun(char s[],char t[])
   {
   int i,n=0;
   for (i=0;s[i]!='\0';i++)
     if (i%2==0)
       t[n++]=s[i];
   t[n]='\0';
   }

测 试 6

1. (1)1
   (2)2*i
   (3)-1
2. double fun(int n)
   b=1;
   return s;
3. void fun(int arr[3][3])
   {
      int i,j,t;
      for (i=0;i<3;i++)
      for (j=0;j<=i;j++)
      {
         t=arr[i][j];
         arr[i][j]=arr[j][i];
         arr[j][i]=t;
      }
   }

习题1 数据运算、顺序结构

一、选择题
1. C	2. C	3. D	4. C	5. B	6. A
7. D	8. C	9. C	10. D	11. A	12. D
13. C	14. D	15. D	16. B	17. D	18. B
19. C	20. C	21. D	22. B	23. C	24. D
25. A	26. D	27. D	28. B	29. C	30. C
31. A	32. C	33. B	34. D	35. D	36. A
37. B	38. D	39. D	40. D	41. B	42. A
43. C	44. D	45. C			

二、填空题

1. 2　4

2. double

3. 9.5

4. 4

5. 15

6. 1

7. 3

8. char ch='8';　或 char ch=56;

9. 123%10　123/100　123/10%10

10. 0　0x

11. 分号　或 ;

12. ASCII　整

习题2 选择结构

一、选择题
1. D	2. C	3. B	4. D	5. C	6. B
7. A	8. B	9. [1]B　[2]A	10. D		

二、填空题

1. 5　25　1

2. z=1

3. a1=1　a2=1
   b1=0　b2=1

4. 1,0

5. if(a>b){scanf("%d",&a);n++;}

else {scanf("%d",&b);m++;}
6. 输入两个数 x,y,比较 $x+y$ 和 $x\times y$ 哪个数大。
7. your ￥3.0 yuan/hour
8. 2nd class postage is 14p.
9. 405PM
10. 3635.4

习题 3　循环结构

一、选择题
1. B　　　　2. B　　　　3. [1]C　[2]A　　　　4. [1]D　[2]C
5. B　　　　6. C　　　　7. A　　　　8. C　　　　9. D　　　　10. A

二、填空题
1. [1]c! = '\n'　　　　[2]c>='0'&&c<='9'
2. [1]double　　　　　[2]pi+1.0/(i*i)
3. [1]x1　　　　　　　[2]x1/2-2
4. [1]r=m,m=n,n=r　　[2]m%n
5. sjhiu
6. s=254
7. 5,5
8. 36
9. 3
10. * *
11. -5
12. x=1,y=20
13. 1,3,7,15,
14. m=4 n=2
15. *
    #

习题 4　数　　组

一、选择题
1. C　　2. D　　3. C　　4. D　　5. C　　6. C
7. C　　8. C　　9. D　　10. B　　11. D　　12. D
13. D　　14. D　　15. B　　16. B　　17. B　　18. C
19. B　　20. D

二、填空题

1. [1]0　　　　　　　　　　　[2]s[i]　　　　　　　　　　　[3]return avg
2. [1]x<4　　　　　　　　　　[2]y<3　　　　　　　　　　　[3]z==3
3. [1]str[num]!='\0'或str[num]　　　　　　　　　　　　　　[2]num
4. s[i++]
5. [1]a[i−1]　　　　　　　　　[2]a[9−i]
6. [1]j=j+2　　　　　　　　　　[2]a[i]>a[j]
7. [1]str1[i]!='\0' && str2[i]!='\0'　　　　　　　　　　　[2]str1[i]−str2[i]
8. [1]j/2　　　　　　　　　　　[2]str[j−i−1]　　　　　　　[3]str[j−i−1]
9. [1]n%base　　　　　　　　　[2][d]

习题 5　函　　数

一、选择题

1. D	2. C	3. B	4. A	5. B	6. A
7. D	8. C	9. D	10. B	11. A	12. B
13. B	14. D	15. B	16. B	17. B	18. A
19. B	20. C	21. C	22. B	23. C	24. A
25. D					

二、填空题

[1]x　　　　　　　　　　　　[2]fun(x,y)

习题 6　编译预处理

一、选择题

| 1. C | 2. D | 3. C | 4. C | 5. D | 6. A |
| 7. C | 8. D | 9. D | 10. D | 11. D | 12. A |

二、填空题

1. 宏定义、文件包含、条件编译
2. #
3. 222
　342
4. 9

习题 7　指　　针

一、选择题

| 1. B | 2. D | 3. B | 4. D | 5. D | 6. C |

7. B	8. A	9. D	10. D	11. D	12. C
13. D	14. B	15. A	16. A	17. D	18. C
19. B	20. C	21. C	22. C	23. C	24. D
25. C	26. C	27. A	28. B	29. C	30. C
31. B	32. D	33. D	34. A	35. A	36. B
37. A					

二、填空题

1. [1]s[i]   [2]i
2. int * z
3. *(p+5)
4. (1) *s == *t   (2) *s - *t
5. p=i
6. (1) *s>='0' && *s<='9'   (2)'\0'
7. (1)'\0'   (2)n++
8. (1) *p   (2) *p

习题8　结构体与共用体

一、选择题

1. C	2. C	3. C	4. D	5. D	6. C
7. C	8. A	9. D	10. A	11. A	12. A
13. D	14. D	15. B	16. D	17. C	18. D
19. A	20. B				

习题9　文　　件

一、选择题

1. C	2. D	3. C	4. A	5. D
6. A	7. C	8. B	9. C	10. B
11. D	12. D	13. B	14. C	15. D

二、填空题

1. "bi. dat","w"
2. sizeof(struct st) * 50
3. [1]lett. dat, [2]"wb"
4. fopen
5. feof(fp)
6. [1]"rb+", [2]if(s[i]. sno>=s[j]. sno), [3]fwrite

参考文献

[1] 何光明.C语言学练考.北京:清华大学出版社,2005.
[2] 谭浩强.C程序设计.北京:清华大学出版社,2005.
[3] 杨路明.C语言程序设计上机指导与习题选解.北京:北京邮电大学出版社,2003.
[4] 黄明.全国计算机等级考试全面剖析及考前冲刺 二级C语言程序设计.北京:机械工业出版社,2006.
[5] 蒋清明.C语言程序设计实验指导与习题解答.北京:人民邮电出版社,2005.